ELEMENTS OF SET THEORY

개정판

기초집합론

송형수 지음

KyoWooSa
教友社

머 • 리 • 말

집합 이론은 그 자체의 학문으로서도 중요할 뿐만 아니라 논리적 사고를 필요로 하는 모든 분야에서 기초가 되고 있다. 특히 현대수학의 각 영역에서 이론을 전개하는 도구로 사용되고 있으므로 집합론에 나오는 여러 가지 개념과 성질, 기호를 정확히 이해하고 활용하는 능력을 키우는 것은 매우 중요하다.

집합론을 학습하는 또 하나의 중요한 목적은 무한집합을 구별하고, 셈하는데 있다. 유한집합이 아닌 집합은 무한집합이고, 이 무한집합은 모두 동일한 것으로 생각하기 쉽다. 그러나 칸토르는 무한집합도 그 종류가 무한히 많고, 또한 순서까지도 고려할 수 있음을 증명하였다.

이 책에서는 집합 이론에 나타나는 여러 정의와 정리를 활용하여 타당한 증명이 이루어질 수 있도록 엄밀한 논리 전개를 강조하였다. 또한 학생 스스로 능동적으로 참여하는 자기주도학습이 가능하도록 유도하였다. 특히 다음과 같은 점을 마음에 두고 집필하였다.

1. 집합론의 기초 개념이나 성질을 학부 2학년 학생들이 1학기 또는 2학기 과정으로 학습할 수 있도록 구성하였다.
2. **〈학습목표〉**를 통해 무엇을 배워야 할 것인가에 관한 학습 방향을 분명히 제시하였고, 가능한 **[보기]**를 많이 들어 정의의 이해에 도움이 되도록 배려하였다.
3. • **토론과제** • 와 **협동학습문제**를 통하여 학습자들이 공동으로 문제내용을 추론하고 문제해결방안을 모색할 수 있도록 유도하였다. **협동학습문제 해답**은 별도로 두었고, 문제 풀이에 도움이 되는 정의와 정리, 그 풀이과정의 핵심을 기술하여 문제해결능력을 높일 수 있도록 하였다.
4. **연습문제**는 난이도를 조정하여 선별하였고, 본문 내용을 보충하고 확장하

는데 중점을 두었다. 문제해결방법을 습득할 수 있도록 상세하게 그 풀이 과정을 수록하였다.

5. 용어는 대한수학회에서 발행한 〈수학용어집〉을 기준으로 사용하였다.

끝으로, 저서 집필에 도움이 된 광운대학교의 2007학년도 교내 학술연구비 지원과 출판 기획·편집 교정에 수고한 교우사의 오판근 사장님과 관계자 여러분께 감사를 드린다.

2008년 3월

저 자

차 • 례

제 5 장 무한집합의 구분

제 6 장 기수와 그 셈법

제 7 장 순서집합과 격자

제 8 장 선택공리와 동치인 원리들

제 9 장 순서수와 그 셈법

제 1 장

기초사항

〈 학습목표 〉

집합론 학습의 중요성을 소개하고, 그 이론 전개의 토대가 되는 논리와의 관련성을 설명한다.

• 토론과제 •

1. 집합론을 학습하는 중요한 목적을 정확히 이해하여라.
2. 논리와 집합의 이론은 서로 관련성이 있는가? 집합 이론을 전개하기 전에 논리이론을 배우는 이유는 무엇인가?

1.1 집합론 학습의 중요성 소개

집합 이론은 그 자체의 학문으로서도 중요할 뿐만 아니라 논리적 사고를 필요로 하는 모든 분야에서 기초가 되고 있다. 특히 현대수학의 각 영역에서 이론을 전개하는 도구로 사용되고 있으므로 집합론에 나오는 정의, 정리와 기호를 정확히 이해하고 활용하는 능력을 키우는 것은 매우 중요하다.

집합론을 학습하는 목적 중 중요한 하나는 무한집합을 구별하고, 셈하는데 있다. 유한집합들은 그 집합에 속하는 원소의 개수와 원소의 성질을 판단함으로써 분명히 구분되지만 무한집합은 어떻게 구분할까? 유한이 아닌 집합은 모두 동일한 무한집합으로 볼 수밖에 없을까?

무한집합인 자연수의 집합과 열린구간 $(0, 1)$이 갖는 성질 중 현저히 다른 성질은 무엇일까?

열린구간 $(0, 1)$과 닫힌구간 $[0, 1]$에 속하는 원소는 어느 것이 더 많을까?

또한 다음과 같은 질문을 생각해보자. 어떤 부자가 가진 재산이 셀 수 없을 만큼 무한히 많다고 가정하자. 가족 3명에게 재산을 동일하게 나누어 줄 수 있는 방법은 무엇일까? 단, 분배된 재산은 조금도 줄지 않고 처음과 같아야 한다.

무한의 개념을 학습하면 유한차원에서는 생각할 수 없는 결과를 이끌어낼 수 있다. 일대일 대응이라는 개념을 이용하면 위 질문에 대한 답은 긍정적으로 구할 수 있다.

논리를 토대로 관계 · 함수의 개념과 성질을 배운 다음에 무한집합을 구별하고 그 크기를 셈하는 방법과 순서수에 관한 개념을 학습하는 순서로 내용을 전개한다.

이 책에 나오는 아래 기호는 다음과 같은 특별한 수 집합을 표시하는 것으로 약속한다.

$\mathbb{N}$ 자연수의 집합

$\mathbb{Z}$ 정수의 집합

$\mathbb{Q}$ 유리수의 집합

$\mathbb{R}$ 실수의 집합

$\mathbb{R}^+$ 양의 실수의 집합

1.2 논리와 집합

집합론에 나오는 드 모르강(De Morgan)의 정리 $(A \cup B)^c = A^c \cap B^c$ 을 증명해 보자.

$$
\begin{aligned}
x \in (A \cup B)^c &\Leftrightarrow x \notin (A \cup B) \\
&\Leftrightarrow \sim[x \in (A \cup B)] \\
&\Leftrightarrow \sim[(x \in A) \vee (x \in B)] \\
&\Leftrightarrow [\sim(x \in A)] \wedge [\sim(x \in B)] \\
&\Leftrightarrow (x \notin A) \wedge (x \notin B) \\
&\Leftrightarrow (x \in A^c) \wedge (x \in B^c) \\
&\Leftrightarrow x \in (A^c \cap B^c)
\end{aligned}
$$

위 정리를 증명하기 위해서는 집합과 그 연산의 정의를 분명히 이해하여야 하지만 논리에서 다룬 정의와 기호, 논리법칙을 이해하지 않고서는 완벽한 증명을 이룰 수 없음을 알 수 있을 것이다. 이와 같이 논리 이론은 집합 이론 전개의 토대가 됨을 강조한다.

제 2 장

기초논리

〈 학습목표 〉

집합 이론 전개의 토대가 되는 기초논리를 학습한다.

● 토론과제 ●

1. 기호 ≡, ⇔, ↔이 나타내는 의미는 무엇일까?
2. 기호 ⇒와 →을 구분하여 설명하여라.
3. 증명에 있어서 진리표에 의한 방법보다 연역적 추론이 더욱 활용되는 이유를 설명하여라.

협동학습문제

1. 임의의 명제 p, q, r, s 에 대하여 다음이 성립함을 증명하여라.

(1) $(p \to r) \vee (q \to s) \equiv (p \wedge q \to r \vee s)$

(2) $(p \to r) \vee (p \to s) \equiv (p \to r \vee s)$

(3) $(p \to r) \vee (q \to r) \equiv (p \wedge q \to r)$

☞ $p \to q \equiv \sim(p \wedge \sim q)$, **드 모르강의 법칙, 논리의 결합법칙 이용**

2. 다음 논증의 타당성을 증명하여라.

몸이 건강하거나 마음이 평화로우면 몸도 건강하고 마음도 행복할 것이다. 몸이 건강하지 않다. 따라서 마음이 평화롭지 않다.

☞ **논증에 대한 가정과 결론을 문자로 나타내고, 추론규칙을 활용하여 타당성을 증명한다.**

2.1 명제와 연결사

논리학습의 목적은 타당한 논증과 타당하지 않은 논증을 구별하는 데 쓰이는 원리와 방법을 이해할 수 있도록 돕는 데 있다. 논증(argument)이란 가정(hypothesis) 또는 전제(premise)라고 하는 명제로부터 결론(conclusion)인 명제를 이끌어내는 과정을 말한다.

[정의 2.1]

명제(statement)는 참 또는 거짓이 분명히 판단되나 동시에 양쪽은 아닌 주장(서술문)을 의미한다.

[보기 1] 다음은 모두 명제이다.

(1) 빌 게이츠는 세계에서 제일 부자이다.

(2) 실수인 $2^{987654321}$은 소수이다.

(3) 화성에는 생명체가 존재한다.

(4) 지금 비가 내리고 있다.

(5) $\sqrt{(-1)^2} = -1$

[보기 2] 다음은 모두 명제가 아니다.

(1) 사회주의는 옳지 않다.

(2) 안녕하십니까?

(3) 꽃이 아름답구나!

(4) 공부를 열심히 하여라.

(5) $x = 4 - x$

명제는 단순명제(simple statement)와 몇 개의 단순명제들이 연결사(connective)에 의하여 결합된 합성명제(compound statement)로 구분한다.

단순명제는 $p, q, r, \cdots$ 등으로 표시하며 합성명제는 $P, Q, R, \cdots$ 등으로 구분하여 표시하기도 한다.

합성명제를 구성하는 방법은 여러 가지 있으나 흔히 아래의 $\sim$, $\wedge$, $\vee$, $\rightarrow$, $\leftrightarrow$와 같은 다섯 가지의 연결사들이 이용되고 있다.

검토할 논리적 가능성에 대한 구하고자 하는 합성명제의 진리값을 나타낸 표를 진리표(truth table)라 한다. 문자 T와 F는 각각 진리값을 나타내는 참(True)과 거짓(False)을 표시한다.

[합성명제를 구성하는 5가지 연결사] $\sim$, $\wedge$, $\vee$, $\rightarrow$, $\leftrightarrow$

[정의 2.2] p의 부정 (negation of p) $\sim p$

$\sim p$

"p가 아니다 (not p)"

진리표 1

p	$\sim p$
T	F
F	T

[정의 2.3] p와 q의 논리곱 (conjunction) $p \wedge q$

$p \wedge q$

"p이고 q (p and q)"

진리표 2

p	q	$p \wedge q$
T	T	T
T	F	F
F	T	F
F	F	F

[정의 2.4] p와 q의 논리합 (disjunction) $p \vee q$

$p \vee q$
"p 또는 q (p or q)"

진리표 3

p	q	$p \vee q$
T	T	T
T	F	T
F	T	T
F	F	F

[정의 2.5]

두 명제 P, Q에 대한 논리적 가능성의 각 경우에 대하여 P, Q의 진리값이 모두 같으면 P는 Q와 논리적으로 동치(logically equivalent)라고 말하며

$$P \equiv Q$$

로 표시한다.

[정의 2.6] 조건명제 (conditional statement) $p \to q$

"p 이면 q (if p, then q)" 임의의 두 명제 p, q에 대하여 합성명제 $p \to q$는

$$p \to q \equiv \sim(p \wedge \sim q)$$

인 것으로 정의한다.

진리표 4

p	q	$\sim q$	$p \wedge \sim q$	$p \to q \equiv \sim(p \wedge \sim q)$
T	T	F	F	T
T	F	T	T	F
F	T	F	F	T
F	F	T	F	T

$p \wedge \sim q$는 $p \wedge (\sim q)$으로 해석한다. 연결사는 '$\sim$', '$\wedge, \vee$', '$\to, \leftrightarrow$'의 순서로 더 강하게 결합되는 것으로 약속한다. p가 거짓인 경우, $p \to q$는 일상 언어에서는 무의미하지만 논리에서는 그 진리값이 참임을 주목해야 한다.

[정의 2.7] 쌍조건문 (biconditional statement) $p \leftrightarrow q$

임의의 두 명제 p, q에 대하여 합성명제 $p \leftrightarrow q$는

$$p \leftrightarrow q \equiv (p \rightarrow q) \wedge (q \rightarrow p)$$

인 것으로 정의한다.

기호 $p \leftrightarrow q$는 "q인 경우, 또 그 경우에 한하여 p(p if and only if q 또는 p iff q)"라고 읽는다.

진리표 5

p	q	$p \rightarrow q$	$q \rightarrow p$	$p \leftrightarrow q \equiv (p \rightarrow q) \wedge (q \rightarrow p)$
T	T	T	T	T
T	F	F	T	F
F	T	T	F	F
F	F	T	T	T

연습문제 2.1

1. n개의 서로 다른 성분으로 이루어진 합성명제에 있어서 논리적 가능성은 모두 몇 가지 있는가?

2. 다음 각 명제의 진리표를 작성하여라.
   (1) $p \rightarrow (\sim p \vee q)$
   (2) $p \wedge \sim q \wedge r$

3. 조건문 $p \rightarrow q$에 대하여 $q \rightarrow p$, $\sim p \rightarrow \sim q$, $\sim q \rightarrow \sim p$을 각각 $p \rightarrow q$의 역(inverse), 이(reverse), 대우(contraposition)라고 한다.

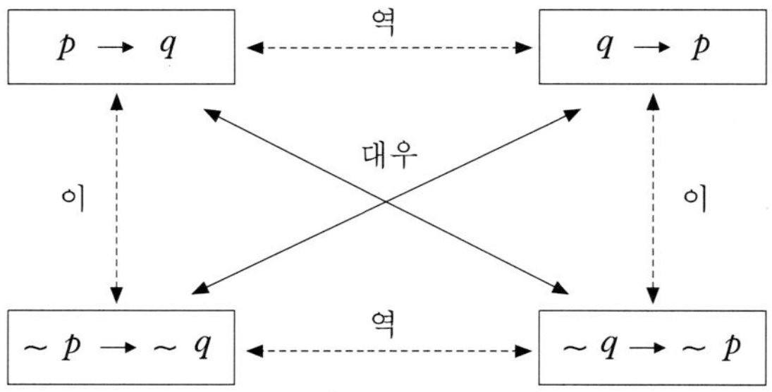

명제 p를 "그는 건강하다.", q를 "그는 행복하다"라고 할 때 조건문 $p \to q$의 부정, 역, 이, 대우를 말하여라.

2.2 추론규칙과 연역적 추론

[정의 2.8]

모든 논리적 가능성에 대하여 그 진리값이 참인 명제를 항진명제 또는 항상 참인 명제(tautology)라고 하며 t로 표시한다.

두 명제 P, Q에 대하여 $P \to Q$가 항진명제일 때 이것을「함의(implication)」라 하고 $P \Rightarrow Q$로 표시하며, "P는 Q를 함의한다(P implies Q)" 또는 "P는 Q를 뜻한다"라고 읽는다.

이 경우, P는 Q이기 위한 충분조건(sufficient condition), Q는 P이기 위한 필요조건(necessary condition)이라고 한다.

두 명제 P, Q에 대하여 $P \leftrightarrow Q$가 항진명제일 때 이것을 $P \Leftrightarrow Q$로 표시한다. $P \leftrightarrow Q$가 항진명제가 되기 위해서는 모든 논리적 가능성의 각 경우에 대하여 P, Q의 진리값이 같은 경우이고, 또 그 경우에 한하므로 $P \Leftrightarrow Q$는 $P \equiv Q$와 같은 의미를 지닌다.

이 경우, P와 Q는 서로 필요충분조건(necessary and sufficient condition)이라고 한다.

[보기 1] 다음은 모두 참인 명제이다.

(1) $x=2$는 $x^2=4$이기 위한 충분조건이다.

(2) $x^2=4$는 $x=2$이기 위한 필요조건이다.

(3) $a>0, b>0$인 것은 $ab=|ab|$이기 위한 충분조건이다.

(4) $ab=|ab|$은 $a>0, b>0$이기 위한 필요조건이다.

(5) x가 실수일 때는 $x^4=1$은 $x^6=1$이기 위한 필요충분조건이다.

[정의 2.9]

모든 논리적 가능성에 대하여 그 진리값이 거짓인 명제를 모순명제(contradiction)라고 하며 c로 표시한다.

논리적 동치와 함의에 대한 정당성을 주장하는 데 매우 유용한 논리법칙들을 추론규칙(rules of inference)하며 아래의 정리들로 요약되어 있다. 정리(theorem)는 참인 명제를 의미한다. 정리의 정당성을 밝히는 일을 증명(proof)이라고 한다.

【정리 2.1】

임의의 명제 p에 대하여 다음이 성립한다.

1. $p \wedge t \Leftrightarrow p$, $p \vee t \Leftrightarrow t$
2. $p \vee c \Leftrightarrow p$, $p \wedge c \Leftrightarrow c$
3. $c \Rightarrow p$, $p \Rightarrow t$

증명 1, 2, 3번 성질의 첫 번째만 증명하고 나머지는 연습문제로 둔다.

1. $p \wedge t \leftrightarrow p$이 항진명제임을 보이면 된다.

p	t	$p \wedge t$	$p \wedge t \leftrightarrow p$
T	T	T	T
F	T	F	T

2. 두 명제 $p \vee c$와 p의 진리값이 같음을 보이면 된다.

p	c	$p \vee c$
T	F	T
F	F	F

3. $c \rightarrow p$이 항진명제임을 보이면 된다.

c	p	$c \rightarrow p$
F	T	T
F	F	T

■

【 정리 2.2 】

임의의 두 명제 p, q에 대하여 다음이 성립한다.

1. [합의 법칙] $p \Rightarrow p \vee q$
2. [단순화 법칙] $p \wedge q \Rightarrow p$, $p \wedge q \Rightarrow q$
3. [논리합 삼단논법] $(p \vee q) \wedge \sim p \Rightarrow q$
4. [이중부정법] $\sim(\sim p) \equiv p$
5. [멱등법칙] $p \wedge p \equiv p$, $p \vee p \equiv p$
6. [교환법칙] $p \wedge q \equiv q \wedge p$, $p \vee q \equiv q \vee p$
7. [대우법칙] $p \to q \equiv \sim q \to \sim p$
8. [드 모르강의 법칙] $\sim(p \wedge q) \equiv \sim p \vee \sim q$, $\sim(p \vee q) \equiv \sim p \wedge \sim q$
9. [삼단긍정법] $(p \to q) \wedge p \Rightarrow q$
10. [삼단부정법] $(p \to q) \wedge \sim q \Rightarrow \sim p$
11. [귀류법] $(p \to q) \equiv (p \wedge \sim q \to c)$

증명 7, 8, 9, 10, 11번 성질만 증명한다.

7. 두 명제 $p \to q$와 $\sim q \to \sim p$의 진리값이 같음을 보이면 된다.

p	q	$\sim q$	$\sim p$	$p \to q$	$\sim q \to \sim p$
T	T	F	F	T	T
T	F	T	F	F	F
F	T	F	T	T	T
F	F	T	T	T	T

8. $\sim(p \wedge q)$와 $\sim p \vee \sim q$의 진리값이 같음을 보이면 된다.

p	q	$\sim p$	$\sim q$	$p \wedge q$	$\sim(p \wedge q)$	$\sim p \vee \sim q$
T	T	F	F	T	F	F
T	F	F	T	F	T	T
F	T	T	F	F	T	T
F	F	T	T	F	T	T

9. 조건명제 $(p \to q) \wedge p \to q$이 항진명제임을 보이면 된다.

p	q	$p \to q$	$(p \to q) \wedge p$	$(p \to q) \wedge p \to q$
T	T	T	T	T
T	F	F	F	T
F	T	T	F	T
F	F	T	F	T

10. 대우법칙에 의하여 $p \to q \equiv \sim q \to \sim p$이므로 삼단긍정법을 적용하면 다음이 성립한다.

$$(p \to q) \wedge \sim q \equiv (\sim q \to \sim p) \wedge \sim q \Rightarrow \sim p$$

11. $p \wedge \sim q \to c$와 $p \to q$의 진리값이 같음을 보이면 된다.

p	q	$\sim q$	$p \wedge \sim q$	$(p \wedge \sim q \to c)$	$(p \to q)$
T	T	F	F	T	T
T	F	T	T	F	F
F	T	F	F	T	T
F	F	T	F	T	T

조건명제의 정의, 드 모르강의 법칙과 [정리 2.1]을 이용하여 다음과 같이 증명할 수도 있다.

$$\begin{aligned} p \wedge \sim q \to c &\equiv \sim[(p \wedge \sim q) \wedge \sim c] \\ &\equiv [\sim(p \wedge \sim q)] \vee c \equiv \sim(p \wedge \sim q) \equiv p \to q \end{aligned}$$ ■

위 정리의 10번 성질과 11번 성질의 증명에서는 정의와 추론규칙을 이용하여 동치의 증명을 이끌어내었다. 이와 같은 증명법을 연역적 추론(deductive reasoning)이라 한다.

【정리 2.3】

임의의 세 명제 p, q, r에 대하여 다음이 성립한다.

1. [결합법칙] $(p \wedge q) \wedge r \equiv p \wedge (q \wedge r)$, $(p \vee q) \vee r \equiv p \vee (q \vee r)$
2. [분배법칙] $p \wedge (q \vee r) \equiv (p \wedge q) \vee (p \wedge r)$,
   $p \vee (q \wedge r) \equiv (p \vee q) \wedge (p \vee r)$
3. [추이법칙] $(p \rightarrow q) \wedge (q \rightarrow r) \Rightarrow (p \rightarrow r)$

증명 3번 성질만 증명한다.

3. $(p \rightarrow q) \wedge (q \rightarrow r) \rightarrow (p \rightarrow r)$이 항진명제임을 보이면 된다.

p	q	r	$p \rightarrow q$	$q \rightarrow r$	$p \rightarrow r$	$(p \rightarrow q) \wedge (q \rightarrow r)$	$(p \rightarrow q) \wedge (q \rightarrow r) \rightarrow (p \rightarrow r)$
T	T	T	T	T	T	T	T
T	T	F	T	F	F	F	T
T	F	T	F	T	T	F	T
T	F	F	F	T	F	F	T
F	T	T	T	T	T	T	T
F	T	F	T	F	T	F	T
F	F	T	T	T	T	T	T
F	F	F	T	T	T	T	T

■

【정리 2.4】

임의의 명제 p, q, r, s에 대하여 다음이 성립한다.

1. [구성적 양도용법] $(p \rightarrow q) \wedge (r \rightarrow s) \Rightarrow (p \vee r \rightarrow q \vee s)$
   $(p \rightarrow q) \wedge (r \rightarrow s) \Rightarrow (p \wedge r \rightarrow q \wedge s)$
2. [파괴적 양도용법] $(p \rightarrow q) \wedge (r \rightarrow s) \Rightarrow (\sim q \vee \sim s \rightarrow \sim p \vee \sim r)$
   $(p \rightarrow q) \wedge (r \rightarrow s) \Rightarrow (\sim q \wedge \sim s \rightarrow \sim p \wedge \sim r)$

증명 1, 2번 성질의 첫 번째만 증명한다.

1. $(p \to q) \wedge (r \to s) = P$, $p \vee r \to q \vee s = Q$라고 할 때 조건명제 $P \to Q$이 항진명제임을 보이면 된다.

p	q	r	s	$p \to q$	$r \to s$	$p \vee r$	$q \vee s$	P	Q	$P \to Q$
T	T	T	T	T	T	T	T	T	T	T
T	T	T	F	T	F	T	T	F	T	T
T	T	F	T	T	T	T	T	T	T	T
T	T	F	F	T	T	T	T	T	T	T
T	F	T	T	F	T	T	T	F	T	T
T	F	T	F	F	F	T	F	F	F	T
T	F	F	T	F	T	T	T	F	T	T
T	F	F	F	F	T	T	F	F	F	T
F	T	T	T	T	T	T	T	T	T	T
F	T	T	F	T	F	T	T	F	T	T
F	T	F	T	T	T	F	T	T	T	T
F	T	F	F	T	T	F	T	T	T	T
F	F	T	T	T	T	T	T	T	T	T
F	F	T	F	T	F	T	F	F	F	T
F	F	F	T	T	T	F	T	T	T	T
F	F	F	F	T	T	F	F	T	T	T

2. 대우법칙과 구성적 양도용법을 적용하면 다음이 성립한다.

$$(p \to q) \wedge (r \to s) \equiv (\sim q \to \sim p) \wedge (\sim s \to \sim r)$$
$$\Rightarrow (\sim q \vee \sim s \to \sim p \vee \sim r)$$
■

위 정리 2.4의 증명에 있어서 진리표에 의한 것보다는 연역적 추론이 증명을 더욱 간편하게 할 수 있음을 알 수 있다. 진리표로 증명하려면 $2^4 = 16$개 경우의 논리적 가능성에 관하여 살펴보아야 하기 때문에 매우 큰 진리표를 작성하여야 한다.

[보기 2] 연역적 추론으로 논리합의 삼단논법 $(p \vee q) \wedge \sim p \Rightarrow q$을 증명하여라.

풀이 $(p \vee q) \wedge \sim p \equiv (p \wedge \sim p) \vee (q \wedge \sim p)$

$\equiv c \vee (q \wedge \sim p)$

$\equiv q \wedge \sim p \Rightarrow q$ □

[보기 3] 연역적 추론으로 $p \rightarrow q \equiv \sim q \rightarrow \sim p$을 증명하여라.

풀이 $p \rightarrow q \equiv \sim(p \wedge \sim q) \equiv \sim(\sim q \wedge p)$

$\equiv \sim(\sim q \wedge \sim(\sim p)) \equiv \sim q \rightarrow \sim p$ □

연습문제 2.2

1. 다음을 증명하여라.
   (1) $(p \rightarrow q) \Rightarrow (p \wedge r \rightarrow q \wedge r)$
   (2) $(p \rightarrow q) \Rightarrow (p \vee r \rightarrow q \vee r)$
   (3) $(p \leftrightarrow q) \Rightarrow (p \wedge q) \vee (\sim p \wedge \sim q)$
   (4) $p \wedge (p \vee q) \equiv p$
   (5) $p \vee (p \wedge q) \equiv p$

2. 연역적 추론으로 다음을 증명하여라.
   (1) $(p \rightarrow q) \equiv (p \rightarrow p \wedge q)$
   (2) $(p \rightarrow q) \equiv (p \vee q \rightarrow q)$
   (3) $(p \rightarrow r) \wedge (q \rightarrow r) \equiv (p \vee q \rightarrow r)$
   (4) $(p \rightarrow r) \wedge (p \rightarrow s) \equiv (p \rightarrow r \wedge s)$
   (5) $(p \rightarrow q) \wedge (p \rightarrow \sim q) \equiv \sim p$
   (6) $p \wedge (p \rightarrow q) \Rightarrow q$
   (7) $p \wedge q \rightarrow r \equiv p \rightarrow (q \rightarrow r)$

2.3 명제술어와 한정법칙

명제술어(propositional predicate)는 토론하려는 범위인 대상영역, 즉 모집단에 속하는 임의의 변수 x에 관한 명제를 의미하고, $p(x)$로 나타낸다. x에 따라 명제 $p(x)$는 참과 거짓이 정해진다.

[보기 1] $p(x, y)=x+3-xy=0$이라 하면 $p(1, 4)$는 참인 명제이고, $p(2, 2)$는 거짓인 명제이다. 이때 대상영역은 평면위의 점들의 모임이다.

대상영역 A에 속하는 임의의 변수 x에 관한 명제술어 $p(x)$에 대하여

$$\forall x \in A,\ \ p(x)$$

은 모든 x에 대하여 $p(x)$가 참인 것을 주장하는 명제이고,

$$\exists x \in A,\ p(x) \ \ 또는\ \ \exists x \in A(p(x))$$

은 x가 적어도 하나 존재함으로써 $p(x)$가 참인 것을, 즉 $p(x)$가 참인 x가 적어도 하나 존재한다는 것을 주장하는 명제이다.

기호 "$\forall x$"은 "임의의 x에 대하여" 또는 "모든 x에 대하여" (for every x, for any x, for each x, for all x)을 뜻하고, 전칭기호(universal quantifier)라 한다.

기호 "$\exists$"은 "…이 존재한다"(there exists, there is) 또는 "적어도 하나의 …가 있어서"(for some, for at least one)를 뜻하고, 존재기호(existential quantifier)라 한다. 전칭기호와 존재기호를 한정기호(quantifier)라고 한다.

대상영역이 $A=\{a_1, a_2, \cdots, a_n\}$일 때 $\sim[\forall x \in A, p(x)]$은

$$\sim[p(a_1) \wedge p(a_2) \wedge \cdots \wedge p(a_n)] \equiv \sim p(a_1) \vee \sim p(a_2) \vee \cdots \vee \sim p(a_n)$$

이므로 대상영역에 속하는 임의의 변수 x에 관한 명제술어 $p(x)$에 대하여

$$\sim[\forall x,\ p(x)] \equiv \exists x,\ \sim p(x)$$

이 성립한다.

[보기 2] $\sim[\forall x,\ p(x)] \equiv \exists x,\ \sim p(x)$을 이용하여

$$\sim[\exists x,\ p(x)] \equiv \forall x,\ \sim p(x)$$

이 성립함을 보여라.

풀이 $\sim[\exists x,\ p(x)] \equiv \sim[\exists x,\ \sim(\sim p(x))]$
$\equiv \sim(\sim[\forall x,\ \sim p(x)]) \equiv \forall x,\ \sim p(x)$ □

연습문제 2.3

1. $\sim[\forall x,\ p(x)] \equiv \exists x,\ \sim p(x)$을 이용하여 다음을 증명하여라.
   (1) $\sim[\forall x,\ \sim p(x)] \equiv \exists x,\ p(x)$
   (2) $\sim[\exists x,\ \sim p(x)] \equiv \forall x,\ p(x)$

2. 대상영역이 $A=\{1, 2, 3\}$일 때 다음 명제의 진리값을 구하여라.
   (1) $\exists x,\ \forall y,\ x^2<y+1$
   (2) $\forall x,\ \exists y,\ x^2+y^2<12$
   (3) $\forall x,\ \forall y,\ x^2+y^2<12$
   (4) $\exists x,\ \forall y,\ \exists z,\ x^2+y^2<2z^2$
   (5) $\exists x,\ \exists y,\ \forall z,\ x^2+y^2<2z^2$

2.4 논증의 타당성 증명

증명의 형식에는 크게 나누어 직접증명법과 간접증명법이 있다.

[직접증명법] 가정으로부터 결론을 직접 이끌어내는 과정을 말한다.

[보기 1] 다음 논증의 타당성을 증명하여라.

▶ 가정 (1) $a<b$
(2) $b<c$
(3) $[(a<b) \wedge (b<c)] \rightarrow (a<c)$

▶ 결론 $\exists x, [(a<x) \wedge (b<x)]$

풀이 주어진 논증은 다음과 같은 형식으로 나타낼 수 있다.

1. $a<b$
2. $b<c$
3. $[(a<b) \wedge (b<c)] \rightarrow (a<c)$ / $\exists x, [(a<x) \wedge (b<x)]$

위 형식의 1~3단계는 가정을, 3단계의 빗금 친 오른쪽은 결론을 나타낸다.

단계	주장	정당성
1	$a<b$	
2	$b<c$	
3	$[(a<b) \wedge (b<c)] \rightarrow (a<c)$ / $\exists x, [(a<x) \wedge (b<x)]$	
4	$[(a<b) \wedge (b<c)]$	단계 1, 2, [$\wedge$ 정의]
5	$a<c$	단계 3, 4, [삼단긍정법]
6	$[(a<c) \wedge (b<c)]$	단계 5, 2, [$\wedge$ 정의]
7	$\exists x, [(a<x) \wedge (b<x)]$	단계 6, 결론

그러므로 7단계에 의하여 결론의 명제는 타당하다. □

[보기 2] 다음 논증의 타당성을 증명하여라.

> 내가 이 과목을 신청하여 열심히 공부한다면 좋은 학점을 받을 것이다. 좋은 학점을 받으면 나는 행복할 것이다. 나는 행복하지 않다. 따라서 나는 이 과목을 신청하지 않았거나 열심히 공부하지 않았다.

풀이 위의 논증에 대한 가정과 결론을 다음과 같은 문자로 나타내고, 간편한 형식을 활용하여 그 타당성을 증명한다.

E : 나는 이 과목을 신청한다.
S : 나는 이 과목을 열심히 공부한다.
G : 나는 좋은 학점을 받는다.
H : 나는 행복하다.

1. $E \wedge S \rightarrow G$
2. $G \rightarrow H$
3. $\sim H \ / \sim E \vee \sim S$

정의와 추론규칙, 정리, 가정으로 세운 공리 등을 이용하여 논증의 타당성 증명을 다음과 같이 할 수 있다.

1. $E \wedge S \rightarrow G$
2. $G \rightarrow H$
3. $\sim H \ / \sim E \vee \sim S$
4. $\sim G$ 단계 2, 3, [삼단부정법]
5. $\sim (E \wedge S)$ 단계 1, 4, [삼단부정법]
6. $\sim E \vee \sim S$ 단계 5, [드 모르강의 법칙], 결론

그러므로 6단계에 의하여 결론의 명제는 타당하다. □

[간접증명법] 간접증명법은 가정이 참임에도 불구하고 결론을 부정한다면 모순이 유도된다는 것을 주장함으로써 결론이 참인 것을 이끌어내는 과정을 말한다. 귀류법 $[(p \rightarrow q) \equiv (p \wedge \sim q \rightarrow c)]$으로 소개되었다.

[보기 2]에서 제시한 논증의 타당성 증명을 간접증명법으로 하면 다음과 같다.

1. $E \wedge S \rightarrow G$	
2. $G \rightarrow H$	
3. $\sim H \,/\, \sim E \vee \sim S$	
4. $\sim(\sim E \vee \sim S)$	결론 부정
5. $E \wedge S$	[드 모르강의 법칙]
6. G	단계 1, 5, [삼단긍정법]
7. H	단계 2, 6, [삼단긍정법]
8. $\sim H \wedge G \equiv c$	단계 3, 7, [논리곱 정의]

위 1~8단계에 의하여 가정이 참인데도 불구하고 결론이 성립하지 않는다면 모순이 됨을 알았다. 그러므로 결론의 명제는 타당하다.

[보기 3] 다음 논증의 타당성을 증명하여라.

$$p \vee q \rightarrow r$$
$$s \rightarrow p \wedge u$$
$$q \vee s \,/\, r$$

풀이

1. $p \vee q \rightarrow r$	
2. $s \rightarrow p \wedge u$	
3. $q \vee s \,/\, r$	
4. $\sim r$	결론 부정
5. $\sim(p \vee q)$	단계 1, 4, [삼단부정법]
6. $\sim p \wedge \sim q$	단계 5, [드 모르강의 법칙]
7. $\sim p$	단계 6, [단순화법칙]
8. $\sim q$	단계 6, [단순화법칙]
9. s	단계 3, 8, [논리합 삼단논법]
10. $p \wedge u$	단계 2, 9, [삼단긍정법]
11. p	단계 10, [단순화법칙]
12. $\sim p \wedge p \equiv c$	단계 7, 11, [논리곱 정의]

그러므로 결론의 명제는 타당하다. □

연습문제 2.4

1. 다음 논증의 타당성을 직접증명과 간접증명을 통해 조사하여라.

$$p \vee (q \wedge r)$$
$$q \rightarrow s$$
$$r \rightarrow t$$
$$s \wedge t \rightarrow p \vee r$$
$$\sim p \;/\; r$$

2. 다음 논증의 타당성을 증명하여라.
   (1) 중훈 또는 홍수가 이긴다면 민수와 예리는 소리칠 것이다. 예리는 소리치지 않았다. 그러므로 중훈은 이기지 못하였다.
   (2) 중훈이 위원회 회장으로 선출되거나 홍수와 민수가 부회장으로 선출된다. 중훈이 회장으로 선출되거나 홍수가 부회장으로 선출되면 동일이는 항의서를 제출할 것이다. 그러므로 중훈이가 회장으로 선출되었거나 동일이가 항의서를 제출할 것이다.
   (3) 인구가 급속히 증가하고 생산량이 머물러 있으면 물가는 오른다. 물가가 오르면 정부는 통제할 것이다. 내가 부자라면 물가상승을 걱정하지 않을 것이다. 나는 부자이다. 정부가 물가상승을 통제하지 않거나 나는 물가상승을 걱정한다. 그러므로 "인구가 급속히 증가하고 생산량은 그대로 머물러 있다"고 말하는 것은 참이 아니다.
   (4) 명수가 의학을 배운다면 그는 부유한 생활을 하게 될 것이다. 명수가 예술을 배운다면 그는 멋진 인생을 보낼 것이다. 부유한 생활 또는 멋진 인생을 보내려면 시간을 낭비해서는 안 된다. 명수는 시간을 낭비하고 있다. 그러므로 명수는 의학과 예술을 배우지 않고 있다.

3. 전염병 예방을 위하여 보건소에서 보균자 조사를 한 결과 A, B, C 세 사람이 보균자일 가능성이 있음을 알고, 이들 세 사람의 관계를 조사하여 다음과 같은 자료를 얻었다. 이 자료로부터 얻을 수 있는 결론을 구하여라.
   - A, B, C 세 사람 이외는 보균자일 수 있는 사람은 더 이상 없다.
   - A가 보균자라고 하면 반드시 단 한 명의 보균자가 더 있다.
   - B가 보균자가 아니라면 C도 보균자가 아니다.
   - 정확히 두 명이 보균자라고 하면 그 중 한 명은 A이다.
   - C가 보균자가 아니라고 하면 B도 아니다.

협동학습문제 해답

1. 임의의 명제 p, q, r, s 에 대하여 다음이 성립함을 증명하여라.

(1) $(p \to r) \vee (q \to s) \equiv (p \wedge q \to r \vee s)$

(2) $(p \to r) \vee (p \to s) \equiv (p \to r \vee s)$

(3) $(p \to r) \vee (q \to r) \equiv (p \wedge q \to r)$

풀이 (1) 〚 $p \to q \equiv \sim(p \wedge \sim q)$, **드 모르강의 법칙, 논리의 결합법칙 이용** 〛

$$\begin{aligned}(p \to r) \vee (q \to s) &\equiv \sim(p \wedge \sim r) \vee \sim(q \wedge \sim s)\\ &\equiv (\sim p \vee r) \vee (\sim q \vee s)\\ &\equiv (\sim p \vee \sim q) \vee (r \vee s)\\ &\equiv \sim(p \wedge q) \vee \sim\{\sim(r \vee s)\}\\ &\equiv \sim[(p \wedge q) \wedge \sim(r \vee s)]\\ &\equiv p \wedge q \to r \vee s\end{aligned}$$

진리표에 의한 것보다는 연역적 추론이 증명을 더욱 간편하게 할 수 있다. 진리표에 의한 동치 증명을 하려면 $2^4 = 16$ 개 경우의 논리적 가능성에 대해 진리표를 작성해야만 한다.

(2) 위에서 증명한 (1)번 결과를 이용한다.

$$(p \to r) \vee (p \to s) \equiv (p \wedge p \to r \vee s) \equiv p \to r \vee s$$

(3) 위에서 증명한 (1)번 결과를 이용한다.

$$(p \to r) \vee (q \to r) \equiv p \wedge q \to r \vee r \equiv p \wedge q \to r \qquad \square$$

2. 다음 논증의 타당성을 증명하여라.

몸이 건강하거나 마음이 평화로우면 몸도 건강하고 마음도 행복할 것이다. 몸이 건강하지 않다. 따라서 마음이 평화롭지 않다.

풀이 위의 논증에 대한 가정과 결론을 다음과 같은 문자로 나타내고, 간편한 형식을 활용하여 그 타당성을 증명한다.

q : 몸이 건강하다
r : 마음이 평화롭다
p : 마음이 행복하다

그러면 다음과 같은 형식으로 나타낼 수 있다.

$$q \vee r \ \rightarrow \ q \wedge p$$
$$\sim q \ / \ \sim r$$

[직접증명]

1. $q \vee r \ \rightarrow \ q \wedge p$
2. $\sim q \ / \ \sim r$
3. $\sim q \vee \sim p$ 단계 2, [합의 법칙]
4. $\sim (q \wedge p)$ 단계 3, [드 모르강의 법칙]
5. $\sim (q \vee r)$ 단계 4, 1, [삼단부정법]
6. $\sim q \wedge \sim r$ 단계 5, [드 모르강의 법칙]
7. $\sim r$ 단계 6, [단순화법칙]

[간접증명]

1. $q \vee r \ \rightarrow \ q \wedge p$
2. $\sim q \ / \ \sim r$
3. r
4. $q \vee r$ 단계 3, [합의 법칙]
5. $q \wedge p$ 단계 1, 4 [삼단긍정법]
6. q 단계 5, [단순화법칙]
7. $\sim q \wedge q \equiv c$ 단계 2, 6, [논리곱 정의] □

제 3 장

집합과 그 연산

〈 학습목표 〉

집합의 기본 개념을 소개하고 그 연산에 관하여 학습한다. 칸토르의 집합론에서 나타나는 역설 중에서 러셀의 역설을 소개한다.

토론과제

1. 원소가 n개인 집합 A의 멱집합 $\mathscr{P}(A)$에 대하여 그 진부분집합의 개수를 구하여라.
2. $\cup$과 $\cap$을 두 집합에 관한 연산자로 보았을 때 $\cup$과 $\cap$에 관하여 닫혀있는 집합들의 모임이 집합의 부울 대수를 이루는 것을 살펴보아라.
3. $\bigcup_{\gamma \in \varnothing} A_\gamma = \varnothing$과 $\bigcap_{\gamma \in \varnothing} A_\gamma = U$이 성립함을 증명하여라.

협동학습문제

1. 임의의 두 집합 A, B에 대하여 $\mathscr{P}(A:B)=\{G\in\mathscr{P}(A)\mid G\supset B\}$이라고 할 때 $B\subset A$은 $\mathscr{P}(A:B)$의 원소의 개수와 $\mathscr{P}(A-B)$의 원소의 개수가 같기 위한 필요충분조건임을 증명하여라.

   ☞ **두 명제 P, Q에 대하여 P는 Q이기 위한 충분조건이라는 것은 $P\Leftrightarrow Q$을 의미한다. $\mathscr{P}(A:B)$의 정의를 정확히 이해하여야 한다.**

2. $(A-B)\cup(B-A)=(A\cup B)-(A\cap B)$이 성립함을 보여라.

   ☞ $A-B=A\cap B^c$, **분배법칙, 드 모르강의 법칙 이용**

3.1 집합과 부분집합

복잡한 공리적 방법보다는 칸토르의 직관적 정의를 받아들여 집합 이론을 전개한다.

[정의 3.1] 칸토르 (Cantor)

집합(set)이란 우리의 직관 또는 사고의 대상으로서 공통적인 성질을 지닌 서로 명확히 구별되는 사물들의 모임이다.

집합에 속하는 사물들을 원소(element)라 하며 보통 소문자 $a, b, c, \cdots$ 등으로 표시하고, 집합을 나타내는 기호는 대문자 $A, B, C, \cdots$ 등으로 표시한다. a가 집합 A의 원소이면 $a \in A$로 표시하고, "a는 집합 A에 속한다."라고 말한다. b가 집합 A의 원소가 아닌 경우는 $b \notin A$로 표시한다.

[정의 3.2]

두 집합 A, B에 대하여 A의 원소와 B의 원소가 같을 때 A와 B는 같다(equal) 또는 동일하다(identical)라고 하며 $A=B$로 나타낸다. 즉, $A=B$는

$$x \in A \Leftrightarrow x \in B$$

인 것을 의미한다.

A와 B가 같지 않을 때 $A \neq B$로 나타낸다.

[정의 3.3]

두 집합 A, B에 대하여 A의 모든 원소가 B의 원소일 때 A는 B의 부분집합(subset) 또는 B는 A의 포함집합(superset)이라 하고 $A \subset B$ 또는 $B \supset A$로 나타낸다. 즉, $A \subset B$는

$$x \in A \Rightarrow x \in B$$

인 것을 의미한다.

위 정의에 의하여

$$A = B \Leftrightarrow A \subset B \wedge B \subset A$$

임을 알 수 있다.

임의의 집합은 분명히 그 자신의 부분집합이다. 두 집합 A, B에 대하여 $A \subset B$이고 $A \neq B$일 때 A는 B의 진부분집합(proper subset)이라 하고, $A \subsetneq B$로 나타낸다.

A가 B의 부분집합이 아닐 때 이것을 $A \not\subset B$와 같이 나타낸다.

집합의 표시방법은 원소나열법과 조건제시법이 있다. 만일 A가 짝수인 자연수의 집합이라 할 때 이 집합을 원소나열법으로 표시하면

$$A = \{2, 4, 6, \cdots\}$$

이고, 조건제시법으로 표시하면

$$A = \{x \mid x\text{는 짝수인 자연수}\}$$

이다. 일반적으로 임의의 집합 X와 변수 x에 관한 명제술어 $p(x)$에 대하여 집합 X의 원소로서 $p(x)$가 참이 되는 것만으로 이루어진 집합 $\{x \in X \mid p(x)\}$이 존재한다.

유한개의 원소를 포함하는 집합을 유한집합(finite set)이라 하고, 유한집합이 아

닌 집합을 무한집합(infinite set)이라 한다. 특히 하나의 원소로 이루어진 집합을 한원소집합(singleton set)이라 한다. 편의상 원소를 하나도 갖고 있지 않은 집합을 생각할 수 있는데 이 집합을 공집합(empty set, null set)이라 하며 $\varnothing$으로 나타낸다.

집합 중에는 그 원소가 또한 집합인 것이 있다. 특히 주어진 집합 A의 모든 부분집합을 원소로 갖는 집합이 존재한다. 이 집합을 A의 멱집합(power set)이라 부르고, $\mathscr{P}(A)$ 또는 2^A로 표시한다.

공간(space)이라는 용어는 어떤 형태의 수학적 구조를 갖는 공집합이 아닌 집합을 뜻한다. 예를 들어, 벡터공간, 거리공간 또는 위상공간 등이다. 이와 같은 경우 공간의 원소를 점(point)이라 부른다.

【 정리 3.1 】

공집합 $\varnothing$은 모든 집합의 부분집합이다.

증명 A를 임의의 집합이라 할 때 $\varnothing \subset A$임을 보이면 된다. $x \in \varnothing$은 거짓이므로 $(x \in \varnothing) \rightarrow (x \in A)$은 항진명제이다. 즉 $(x \in \varnothing) \Rightarrow (x \in A)$이 성립된다. 따라서 $\varnothing \subset A$이다. ■

[보기 1] 집합 $A = \{\varnothing, \{\varnothing\}, 1, 2, \{1, 2\}\}$일 때 다음은 모두 옳은 주장이다.

(1) $\varnothing \in A$ (2) $\varnothing \subset A$

(3) $\{\varnothing\} \in A$ (4) $\{\varnothing, \{\varnothing\}\} \subset A$

(5) $\{1, 2\} \subset A$ (6) $\{1, 2\} \in A$

(7) $\{\{1, 2\}, \{\{1, 2\}\}\} \subset \mathscr{P}(A)$

[보기 2] $\mathscr{P}(\mathscr{P}(\varnothing))$을 구하여라.

풀이 $\mathscr{P}(\varnothing)=\{\varnothing\}$ 이므로 $\mathscr{P}(\mathscr{P}(\varnothing))=\mathscr{P}(\{\varnothing\})\{\varnothing, \{\varnothing\}\}$ 이다. □

【 정리 3.2 】

임의의 집합 A, B, C에 대하여 $A\subset B$이고 $B\subset C$이면 $A\subset C$이다.

증명 [정리 2.3]의 추이법칙에 의하여

$$[(x\in A) \rightarrow (x\in B)]\wedge[(x\in B) \rightarrow (x\in C)] \Rightarrow [(x\in A) \rightarrow (x\in C)]$$

이 성립한다. 그런데 $A\subset B$, $B\subset C$이므로

$$(x\in A) \rightarrow (x\in B), \quad (x\in B) \rightarrow (x\in C)$$

은 항진명제가 된다. 따라서 $[(x\in A) \rightarrow (x\in B)]\wedge[(x\in B) \rightarrow (x\in C)]$은 참인 명제이고, 위 추이법칙을 만족시키려면 $(x\in A) \rightarrow (x\in C)$이 참인 명제가 되어야 한다. 따라서 $(x\in A) \Rightarrow (x\in C)$이다. 즉, $A\subset C$이 성립한다. ■

【 정리 3.3 】

집합 A의 원소가 n개이면 A의 멱집합 $\mathscr{P}(A)$의 원소는 2^n개이다.

증명 만일 $A=\varnothing$이면 $\mathscr{P}(A)=\{\varnothing\}$이므로 성립된다.
$A\neq\varnothing$인 경우 $A=\{a_1, a_2, \cdots, a_n\}$이라 하자. 임의의 $G\subset A$에 대하여 A의 각 원소 $a_k(k=1, 2, \cdots, n)$는 $a_k\in G$ 또는 $a_k\notin G$이다. $a_k\in G$이면 k번째 칸에 1을, $a_k\notin G$이면 k번째 칸에 0을 채운다고 하자. 그러면 A의 부분집합의 개수를 구하는 것은 결국 n개의 빈 칸을 0 또는 1로 채우는 방법의 수와 같다. 그런데 빈칸을 채울 수 있는 경우는 서로 다른 2^n가지가 있으므로 A의 부분집합의 수는 2^n개다. ■

별증 공집합 $\varnothing$은 모든 집합의 부분집합이므로 $\mathscr{P}(A)$에 속한다. 임의의 원소 $x\in A$에

대하여 $\mathscr{P}(A)$에 속하는 한원소집합 $\{x\}$의 개수는 $n=C(n,1)$개 존재한다. 원소의 개수가 r개인 부분집합은 $C(n,r)$이므로 A의 부분집합의 총 개수는 $C(n,0)+C(n,1)+\cdots+C(n,r)+\cdots+C(n,n)$과 같다. 그런데 이항정리에 의해

$$C(n,0)+C(n,1)+\cdots+C(n,r)+\cdots+C(n,n)=(1+1)^n=2^n$$

이 성립하므로 $\mathscr{P}(A)$의 원소는 2^n개다. ■

[보기 3] $A=\{a_1, a_2, \cdots, a_n\}\subset\mathbb{R}$일 때 다음을 구하여라.

(1) A의 원소 중 특정한 $0\le k\le n$개를 포함하는 A의 부분집합의 개수

(2) A의 원소 중 특정한 k개를 포함하고 또 다른 j개는 포함하지 않는 A의 부분집합의 개수 $(0\le k, j\le n)$

(3) A의 부분집합에 속하는 모든 원소들의 총 개수

(4) A의 부분집합에 속하는 모든 원소들의 총합

풀이 (1) 특정한 k개를 제외한 $n-k$개의 원소로 이루어진 집합의 부분집합 개수와 같으므로 2^{n-k}개이다.

(2) $k+j$개를 제외한 원소로 이루어진 집합의 부분집합 개수와 같으므로 2^{n-k-j}개이다.

(3) 원소 $a_k(k=1,2,\cdots,n)$가 포함되는 A의 부분집합의 개수는 2^{n-1}이므로 모든 원소들의 총 개수는 $n\cdot2^{n-1}$개이다.

(4) 원소 $a_k(k=1,2,\cdots,n)$가 포함되는 A의 부분집합의 개수는 2^{n-1}이므로 모든 원소들의 총합은 $2^{n-1}(a_1+a_2+\cdots+a_n)$이다. □

[보기 4] 집합 $A=\{-1,0,1,2,3\}$의 진부분집합의 열을 $A_1, A_2, \cdots, A_n$이라 하고, A_1의 원소의 합을 a_1, A_2의 원소의 합을 a_2, $\cdots$, A_n의 원소의 합을 a_n이라 할 때 $a_1+a_2+\cdots+a_n$의 값을 구하여라.

풀이 집합 $A=\{-1,0,1,2,3\}$의 부분집합의 개수는 $2^5=32$개이다. 이 중에 -1을 포함하는 부분집합의 개수는 $2^4=16$개이고, 마찬가지로 0, 1, 2, 3을 각

각 포함하는 부분집합의 개수도 $2^4=16$ 개이다. 즉, $-1, 0, 1, 2, 3$ 이 각각 16 개의 부분집합에만 나타난다는 것을 의미한다. 따라서 A 의 모든 부분집합들의 원소의 총합은 $(-1+0+1+2+3)\times 16=80$ 이다. 그러므로 A 의 모든 진부분집합들의 원소의 총합은

$$80-(-1+0+1+2+3)=75$$

이다. □

연습문제 3.1

1. $(A\subset\varnothing)\Rightarrow(A=\varnothing)$ 임을 보여라.

2. 다음 명제가 참인지 거짓인지를 판단하여라. 그것이 참이면 증명을 하고, 거짓이면 성립하지 않는 보기[반례(counter example)]를 들어라.
   (1) $x\in A$ 이고 $A\in B$ 이면 $x\in B$
   (2) $A\subset B$ 이고 $B\in C$ 이면 $A\in C$
   (3) $A\not\subset B$ 이고 $B\subset C$ 이면 $A\not\subset C$
   (4) $A\not\subset B$ 이고 $B\not\subset C$ 이면 $A\not\subset C$
   (5) $x\in A$ 이고 $A\not\subset B$ 이면 $x\notin B$

3. 집합 $\{x, \{y, z\}\}$ 의 멱집합을 원소나열법으로 나타내어라.

4. 두 집합 $A=\{x\mid 1<x<16,\ x$ 는 소수(素数)$\}$, $B=\{3, 5, 7\}$ 에 대하여 $B\subset X\subset A$ 를 만족하는 집합 X 의 개수를 구하여라.

5. 집합 $\{1, 2, 3, 4, 5, 6\}$ 에 대하여 홀수가 k 개만 포함된 부분집합의 개수를 a_k 라고 하자. 이때 $a_1+a_2+a_3$ 의 값을 구하여라.

6. 집합 A 의 부분집합 B 에 대하여 $\mathscr{P}(A:B)=\{G\in\mathscr{P}(A)\mid G\supset B\}$ 이라고 놓는다.
   (1) $A=\{a, b, c, d, e\}$, $B=\{a, b\}$ 일 때 $\mathscr{P}(A:B)$ 을 구하여라.

(2) $\mathscr{P}(A : \varnothing) = \mathscr{P}(A)$ 임을 보여라.

(3) $B \subset A$ 이고, A 의 원소가 n 개, B 의 원소는 m 개일 때 집합 $\mathscr{P}(A : B)$ 의 원소의 개수를 구하여라.

3.2 집합의 연산

이 절에서는 수의 덧셈, 곱셈, 뺄셈과 유사한 집합론에서의 세 연산을 정의하고, 그 성질에 관하여 학습한다.

[정의 3.4]

임의의 두 집합 A, B 에 대하여 A 또는 B 에 속하는 모든 원소로 이루어진 집합을 A 와 B 의 합집합(union)이라 하고 기호로는

$$A \cup B = \{x \mid x \in A \vee x \in B\}$$

로 나타낸다.

[정의 3.5]

임의의 두 집합 A, B 에 대하여 A 에 속하고 동시에 B 에도 속하는 모든 원소로 이루어진 집합을 A 와 B 의 교집합(intersection)이라 하고 기호로는

$$A \cap B = \{x \mid x \in A \wedge x \in B\}$$

로 나타낸다.

임의의 두 집합 A, B에 대하여 서로 공통인 원소가 없는 경우 즉, $A \cap B = \varnothing$ 일 때 A와 B는 서로 소(素, disjoint)라고 한다.

러셀의 역설에 의하면 엄밀한 의미에서 「모든 집합의 집합」인 전체집합(universal set)은 존재하지 않는다. 그러나 이 책에서 언급하는 집합들은 고정된 집합 U의 부분집합인 것으로 간주하여도 무방하다. 이러한 경우 집합 U를 제한된 뜻에서의 전체집합으로 생각한다.

[정의 3.6]

임의의 두 집합 A, B에 대하여 A에 속하지만 B에는 속하지 않는 모든 원소로 이루어진 집합을 A에 대한 B의 상대적 여집합이라 하고 기호로는

$$A - B = \{x \mid x \in A \wedge x \notin B\}$$

로 나타낸다.

전체집합 U에 대한 B의 상대적 여집합을 B의 여집합(余集合, complement)이라 하고 기호로는

$$B^c = U - B = \{x \in U \mid x \notin B\}$$

로 나타낸다.

집합의 연산을 시각적으로 보여주기 위하여 벤 다이어그램(Venn diagram)을 이용하기도 한다. 위 연산에 대한 벤 다이어그램을 그리면 다음과 같다.

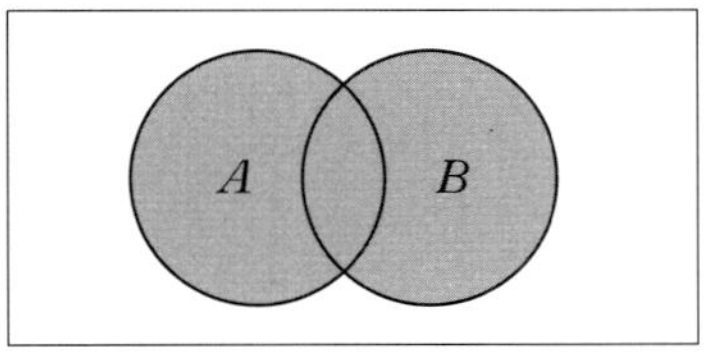

$A \cup B$

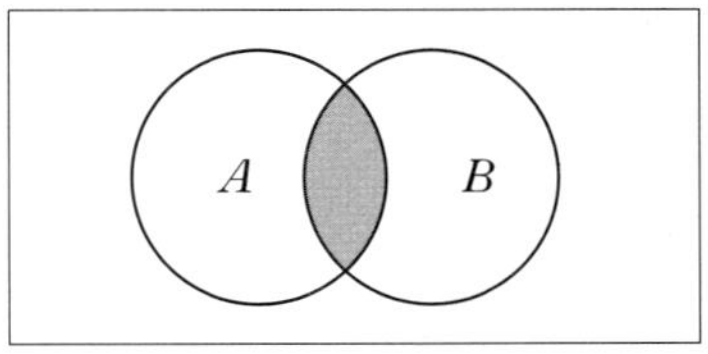

$A \cap B$

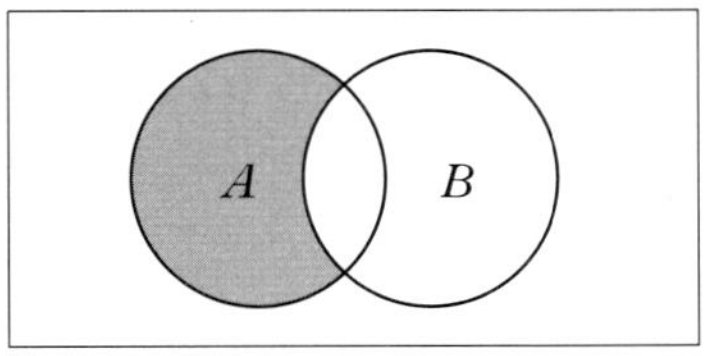

$A - B$

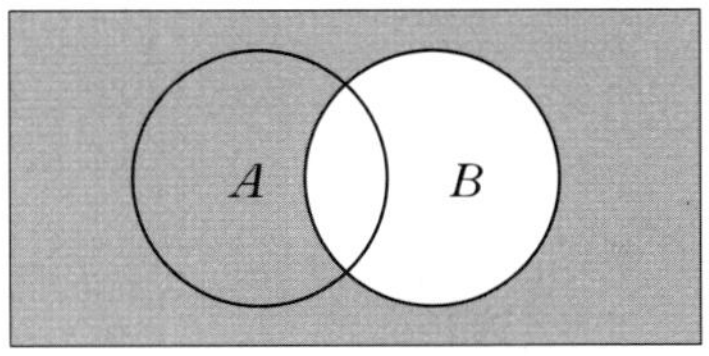

B^c

【 정리 3.4 】

집합 U의 부분집합 A, B, C에 대하여 다음이 성립한다.

1. [교환법칙] $A \cup B = B \cup A$, $A \cap B = B \cap A$
2. [결합법칙] $A \cup (B \cup C) = (A \cup B) \cup C$, $A \cap (B \cap C) = (A \cap B) \cap C$
3. [분배법칙] $A \cap (B \cup C) = (A \cap B) \cup (A \cap C)$,
   $A \cup (B \cap C) = (A \cup B) \cap (A \cup C)$
4. [항등법칙] $A \cup \varnothing = A$, $A \cap U = A$
5. [여집합법칙] $A \cap A^c = \varnothing$, $A \cup A^c = U$

증명 1, 3, 4번 성질의 첫 번째만 증명하고 나머지는 연습문제로 둔다.

1. $x \in A \cup B \iff x \in A \vee x \in B$
   $\iff x \in B \vee x \in A$
   $\iff x \in B \cup A$

3. $x \in A \cap (B \cup C) \iff x \in A \wedge x \in B \cup C$
   $\iff x \in A \wedge (x \in B \vee x \in C)$
   $\iff (x \in A \wedge x \in B) \vee (x \in A \wedge x \in C)$
   $\iff (x \in A \cap B) \vee (x \in A \cap C)$
   $\iff x \in (A \cap B) \cup (A \cap C)$

4. $x \in A \cup \varnothing \Leftrightarrow x \in A \vee x \in \varnothing$
$\Leftrightarrow x \in A$ ■

【 정리 3.5 】

임의의 집합 A, B에 대하여 다음이 성립한다.

1. $A-B=A \cap B^c$
2. $(A^c)^c=A$
3. $\varnothing^c=U,\ U^c=\varnothing$
4. $A \subset B \Leftrightarrow B^c \subset A^c$

증명 1, 4번 성질만 증명하고 나머지는 연습문제로 둔다.

1. $x \in (A-B) \Leftrightarrow (x \in A) \wedge (x \notin B)$
$\Leftrightarrow (x \in A \cap U) \wedge (x \notin B)$
$\Leftrightarrow [(x \in A) \wedge (x \in U)] \wedge (x \notin B)$
$\Leftrightarrow (x \in A) \wedge [(x \in U) \wedge (x \notin B)]$
$\Leftrightarrow (x \in A) \wedge (x \in B^c)$
$\Leftrightarrow (x \in A \cap B^c)$
2. $A \subset B \equiv [(x \in A) \Rightarrow (x \in B)]$
$\equiv [(x \notin B) \Rightarrow (x \notin A)]$
$\equiv [(x \in B^c) \Rightarrow (x \in A^c)]$
$\equiv B^c \subset A^c$ ■

【 정리 3.6 】 드 모르강의 정리

임의의 집합 A, B에 대하여 다음이 성립한다.

1. $(A \cup B)^c=A^c \cap B^c$
2. $(A \cap B)^c=A^c \cup B^c$

증명 1번 성질만 증명하고 2번 성질은 연습문제로 둔다.

$$
\begin{aligned}
1.\ x\in (A\cup B)^c &\Leftrightarrow \sim[x\in(A\cup B)]\\
&\Leftrightarrow \sim[(x\in A)\vee(x\in B)]\\
&\Leftrightarrow \sim(x\in A)\wedge\sim(x\in B)\\
&\Leftrightarrow (x\in A^c)\wedge(x\in B^c)\\
&\Leftrightarrow x\in(A^c\cap B^c)
\end{aligned}
$$
■

[보기 1] 임의의 집합 A, B에 대하여 다음이 성립함을 보여라.

(1) $A-B=B^c-A^c$

(2) $A-B=A-(A\cap B)$

풀이 (1) $A-B=A\cap B^c=B^c\cap A=B^c\cap(A^c)^c=B^c-A^c$

(2)
$$
\begin{aligned}
A-(A\cap B) &= A\cap(A\cap B)^c = A\cap(A^c\cup B^c)\\
&=(A\cap A^c)\cup(A\cap B^c)\\
&=\varnothing\cup(A\cap B^c)\\
&=A\cap B^c\\
&=A-B
\end{aligned}
$$
□

[보기 2] 임의의 집합 A, B, C에 대하여 다음이 성립함을 보여라.

$$A\cap(B-C)=(A\cap B)-(A\cap C)$$

풀이
$$
\begin{aligned}
(A\cap B)-(A\cap C) &= (A\cap B)\cap(A\cap C)^c\\
&=(A\cap B)\cap(A^c\cup C^c)\\
&=(A\cap B\cap A^c)\cup(A\cap B\cap C^c)\\
&=\varnothing\cup(A\cap B\cap C^c)\\
&=A\cap(B\cap C^c)\\
&=A\cap(B-C)
\end{aligned}
$$
□

[보기 2]에 대한 벤 다이어그램을 그리면 다음과 같다.

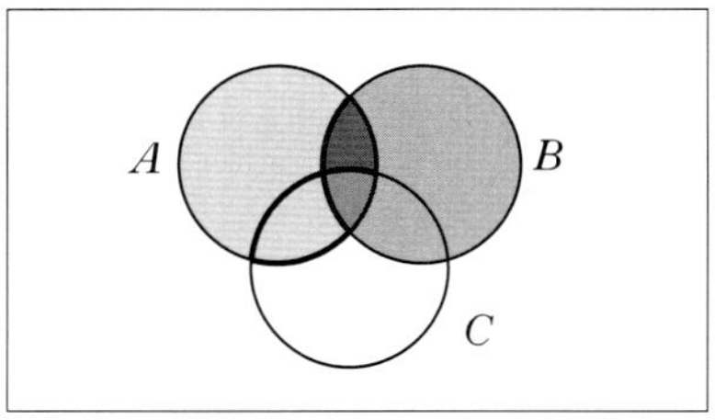

$$A\cap(B-C)=(A\cap B)-(A\cap C)$$

[보기 3] 자연수 N의 부분집합에 대하여

$$A=\{a \mid a\text{는 12의 약수}\}$$
$$B=\{a \mid a\text{는 16의 약수}\}$$

일 때

$$(B-A)\cup X=X,\ B\cap X=X$$

을 만족하는 집합 X의 개수를 구하여라.

풀이

$$A=\{1,2,3,4,6,12\},\ B=\{1,2,4,8,16\}$$

이므로 $B-A=\{8,16\}$ 이다. 그런데 $(B-A)\cup X=X,\ B\cap X=X$이므로

$$B-A\subset X\subset B$$

이 성립한다. 따라서 X의 개수는 8, 16을 포함하는 B의 부분집합의 개수와 같으므로 $2^3=8$ 이다. □

연습문제 3.2

1. 다음을 증명하여라.

 (1) $A \subset B \Leftrightarrow A \cup B = B$

 (2) $A \subset B \Leftrightarrow A \cap B = A$

 (3) $(A \cap B) \cup C = A \cap (B \cup C) \Leftrightarrow C \subset A$

 (4) $(A \subset C) \wedge (B \subset D) \Rightarrow A \cup B \subset C \cup D$

 (5) $(A \subset C) \wedge (B \subset D) \Rightarrow A \cap B \subset C \cap D$

 (6) $A \cap B = \varnothing \Leftrightarrow A \subset B^c$

 (7) $(A - B) \cup B = A \Leftrightarrow B \subset A$

 (8) $(A - C) \cup (B - C) = (A \cup B) - C$

 (9) $(A - C) \cap (B - C) = (A \cap B) - C$

 (10) $A \cup B = A \cup (B - A)$

2. 두 집합 $A = \{1, 2, x^2 + 2\}$, $B = \{-1, 1, 2x + 1\}$에 대하여 $A \cap B = \{1, 3\}$일 때 x를 구하여라.

3. 양의 정수 k의 배수의 집합을 A_k라 할 때 다음을 구하여라.

 (1) $A_k \subset A_a \cap A_b$을 만족하는 k의 최소값

 (2) $A_a \cup A_b \subset A_k$을 만족하는 k의 최대값

4. 전체집합 $U = \{1, 2, \cdots, 10\}$의 두 부분집합 A, B에 대하여

$$A^c \cap B^c = \{1, 9, 10\}, \quad A \cap B = \{2\}, \quad A^c \cap B = \{4, 6, 8\}$$

 일 때 집합 A와 B를 구하여라.

5. 두 집합 A, B에 대하여 $n(A) = 36$, $n(B) = 29$, $n(A \cup B) = 52$일 때, $n(B - A)$의 값을 구하여라. (단, $n(X)$는 집합 X의 원소의 개수)

6. 긴 나무막대기 위에 이 막대기의 길이를 10등분, 12등분, 15등분하는 세 종류의 눈금이 새겨져 있다. 이 눈금에 따라 막대기를 자르면 모두 몇 토막이 나겠는가?

7. 임의의 집합 A, B의 멱집합에 대하여 다음이 성립하는가를 살펴보아라.

(1) $\mathscr{P}(A) \cap \mathscr{P}(B) = \mathscr{P}(A \cap B)$

(2) $\mathscr{P}(A) \cup \mathscr{P}(B) = \mathscr{P}(A \cup B)$

8. 두 집합 A와 B의 대칭차집합(symmetric difference) $A \triangle B$는

$$A \triangle B = (A - B) \cup (B - A)$$

으로 정의한다. 다음이 성립함을 보여라.

(1) $A \triangle A = \varnothing,\ A \triangle \varnothing = A$

(2) $A \triangle B = B \triangle A$

(3) $(A \triangle B) \triangle A = B,\ (A \triangle B) \triangle B = A$

(4) $A \triangle U = A^c,\ A \triangle A^c = U$

(5) $(A \triangle B) \triangle C = A \triangle (B \triangle C)$

(6) $A \cap (B \triangle C) = (A \cap B) \triangle (A \cap C)$

(7) $A = B \Leftrightarrow A \triangle B = \varnothing$

3.3 집합 연산의 확장

이 절에서는 유한개의 집합들 사이의 집합 연산 개념을 임의의 개수의 집합들로 확장하고자 한다.

[정의 3.7]

집합 Γ의 각 원소 $\gamma \in \Gamma$에 대하여 집합 A_γ가 하나씩 대응할 때 모든 A_γ의 집합을 Γ에 의하여 지표(index)가 주어진 집합들의 모임(family)이라 하고, $\{A_\gamma \mid \gamma \in \Gamma\}$ 으로 나타낸다.

[보기 1] 집합 $\{1, 2\}, \{2, 4\}, \{3, 6\}, \cdots, \{n, 2n\}$ 들의 모임은 $\mathbb{N}$ 에 의하여 지표가 주어진 집합들의 모임

$$\{A_n \mid n \in \mathbb{N}\}$$

으로 나타낼 수 있다. 여기서 각 $n \in \mathbb{N}$ 에 대하여 $A_n = \{n, 2n\}$ 이다.

[정의 3.8]

임의의 집합 모임 $\mathfrak{J}$에 대하여 적당한 $A \in \mathfrak{J}$에 속하는 원소 전체로 이루어진 집합을 $\mathfrak{J}$에 속하는 집합의 합집합이라 하고 기호로는 $\bigcup_{A \in \mathfrak{J}} A$ 또는 $\cup\mathfrak{J}$ 으로 나타낸다. 즉, 다음과 같다.

$$\cup\mathfrak{J} = \bigcup_{A \in \mathfrak{J}} A = \{x \in U \mid \exists A \in \mathfrak{J},\ x \in A\}$$

[정의 3.9]

임의의 집합 모임 $\mathfrak{J}$에 대하여 모든 $A \in \mathfrak{J}$에 속하는 원소 전체로 이루어진 집합을 $\mathfrak{J}$에 속하는 집합의 교집합이라 하고 기호로는 $\bigcap_{A \in \mathfrak{J}} A$ 또는 $\cap\mathfrak{J}$ 으로 나타낸다. 즉, 다음과 같다.

$$\cap\mathfrak{J} = \bigcap_{A \in \mathfrak{J}} A = \{x \in U \mid \forall A \in \mathfrak{J},\ x \in A\}$$

$\mathfrak{J} = \{A_\gamma \mid \gamma \in \Gamma\}$ 가 Γ에 의하여 지표가 주어진 집합들의 모임이면

$$\cup \mathfrak{J} = \bigcup_{\gamma \in \Gamma} A_\gamma = \{x \in U \mid \exists \gamma \in \Gamma,\ x \in A_\gamma\},$$

$$\cap \mathfrak{J} = \bigcap_{\gamma \in \Gamma} A_\gamma = \{x \in U \mid \forall \gamma \in \Gamma,\ x \in A_\gamma\}$$

이다. 특히 Γ가 유한집합인 경우, 즉 $\Gamma = \{1, 2, \cdots, n\}$ 일 때에는

$$\bigcup_{\gamma \in \Gamma} A_\gamma \text{ 을 } \bigcup_{i=1}^{n} A_i \text{ 또는 } A_1 \cup A_2 \cup \cdots \cup A_n,$$

$$\bigcap_{\gamma \in \Gamma} A_\gamma \text{ 을 } \bigcap_{i=1}^{n} A_i \text{ 또는 } A_1 \cap A_2 \cap \cdots \cap A_n$$

으로 나타내기도 한다.

[보기 2] $\Gamma = \{1, 2, 3, 4\}$, $A_1 = \{a, b, c, d\}$, $A_2 = \{b, c, e\}$, $A_3 = \{a, b, c\}$, $A_4 = \{a, b, f\}$ 에 대하여

$$\bigcup_{\gamma \in \Gamma} A_\gamma = \bigcup_{i=1}^{4} A_i = A_1 \cup A_2 \cup A_3 \cup A_4 = \{a, b, c, d, e, f\},$$

$$\bigcap_{\gamma \in \Gamma} A_\gamma = \bigcap_{i=1}^{4} A_i = A_1 \cap A_2 \cap A_3 \cap A_4 = \{b\}$$

이다.

【 정리 3.7 】

집합들의 모임 $\{A_\gamma \mid \gamma \in \Gamma\}$ 에 대하여 $\Gamma = \varnothing$ 이면 다음이 성립한다.

1. $\displaystyle\bigcup_{\gamma \in \varnothing} A_\gamma = \varnothing$
2. $\displaystyle\bigcap_{\gamma \in \varnothing} A_\gamma = U$

증명 1. 모든 $x \in U$에 대하여 $x \notin \bigcup_{\gamma \in \varnothing} A_\gamma$ 임을 보이면 충분하다. 그런데

$$\begin{aligned} x \notin \bigcup_{\gamma \in \varnothing} A_\gamma \equiv \sim (x \in \bigcup_{\gamma \in \varnothing} A_\gamma) &\equiv \sim (\exists \gamma \in \varnothing,\ x \in A_\gamma) \\ &\equiv \forall \gamma \in \varnothing,\ x \notin A_\gamma \\ &\equiv \gamma \in \varnothing \ \rightarrow\ x \notin A_\gamma \end{aligned}$$

이고, 모든 $x \in U$에 대하여 $\gamma \in \varnothing \ \rightarrow\ x \notin A_\gamma$ 는 참인 명제이므로 $\bigcup_{\gamma \in \varnothing} A_\gamma = \varnothing$ 이다.

2. 모든 $x \in U$에 대하여 $x \in \bigcap_{\gamma \in \varnothing} A_\gamma$ 임을 보이면 된다. 그런데

$$\begin{aligned} x \in \bigcap_{\gamma \in \varnothing} A_\gamma &\equiv \forall \gamma \in \varnothing,\ x \in A_\gamma \\ &\equiv \gamma \in \varnothing \ \rightarrow\ x \in A_\gamma \end{aligned}$$

이고, 모든 $x \in U$에 대하여 $\gamma \in \varnothing \ \rightarrow\ x \in A_\gamma$ 는 참인 명제이므로 $\bigcap_{\gamma \in \varnothing} A_\gamma = U$ 이다. ■

【정리 3.8】 일반 드 모르강의 법칙

임의의 집합들의 모임 $\{A_\gamma \mid \gamma \in \Gamma\}$ 에 대하여 다음이 성립한다.

1. $(\bigcup_{\gamma \in \Gamma} A_\gamma)^c = \bigcap_{\gamma \in \Gamma} A_\gamma^c$
2. $(\bigcap_{\gamma \in \Gamma} A_\gamma)^c = \bigcup_{\gamma \in \Gamma} A_\gamma^c$

증명 1번 성질만 증명하고 2번 성질은 연습문제로 둔다.

1. $$\begin{aligned} x \in (\bigcup_{\gamma \in \Gamma} A_\gamma)^c \equiv \sim (x \in \bigcup_{\gamma \in \Gamma} A_\gamma) &\equiv \sim (\exists \gamma \in \Gamma,\ x \in A_\gamma) \\ &\equiv \forall \gamma \in \Gamma,\ x \notin A_\gamma \\ &\equiv \forall \gamma \in \Gamma,\ x \in A_\gamma^c \\ &\equiv x \in \bigcap_{\gamma \in \Gamma} A_\gamma^c \end{aligned}$$ ■

【정리 3.9】 일반 분배법칙

집합 G와 임의의 집합들의 모임 $\{A_\gamma \mid \gamma \in \Gamma\}$에 대하여 다음이 성립한다.

1. $G \cap \left(\bigcup_{\gamma \in \Gamma} A_\gamma \right) = \bigcup_{\gamma \in \Gamma} (G \cap A_\gamma)$
2. $G \cup \left(\bigcap_{\gamma \in \Gamma} A_\gamma \right) = \bigcap_{\gamma \in \Gamma} (G \cup A_\gamma)$

증명 1번 성질만 증명하고 2번 성질은 연습문제로 둔다.

$$
\begin{aligned}
x \in G \cap \left(\bigcup_{\gamma \in \Gamma} A_\gamma \right) &\equiv x \in G \land x \in \bigcup_{\gamma \in \Gamma} A_\gamma \equiv x \in G \land (\exists \gamma \in \Gamma,\ x \in A_\gamma) \\
&\equiv \exists \gamma \in \Gamma,\ (x \in G \land x \in A_\gamma) \equiv \exists \gamma \in \Gamma,\ x \in G \cap A_\gamma \\
&\equiv x \in \bigcup_{\gamma \in \Gamma} (G \cap A_\gamma)
\end{aligned}
$$

■

연습문제 3.3

1. 다음을 구하여라.

(1) $\bigcap_{n \in \mathrm{N}} \left(0,\ \frac{1}{n}\right)$ (2) $\bigcap_{n \in \mathrm{N}} \left[0,\ \frac{1}{n}\right]$ (3) $\bigcup_{n \in \mathrm{N}} \left[0,\ \frac{1}{n}\right]$

2. 다음을 전개하여라.

(1) $\left(\bigcup_{\alpha \in \Lambda} A_\alpha \right) \cap \left(\bigcup_{\gamma \in \Gamma} B_\gamma \right)$ (2) $\left(\bigcap_{\alpha \in \Lambda} A_\alpha \right) \cup \left(\bigcap_{\gamma \in \Gamma} B_\gamma \right)$

3.4 칸토르의 집합론과 역설

집합론은 칸토르(1845-1918)에 의하여 창시되었다. 집합론에 관한 칸토르의 연구에서 가장 중요한 업적은 초한기수의 체계를 정립하고, 기수들 사이에 연산을 도입함으로써 산술적 전개를 가능하게 한 점이다. 1:1 대응을 통해 두 집합의 크기를 비교하고, 자연수의 기수 $\aleph_0$보다 큰 연속체의 기수 c를 찾아내었다. 또한 무한히 많은 초한기수를 만드는 방법도 제시하였다. 칸토르의 집합 이론이 수학자들로부터 인정받게 되고, 다양한 분야에서 중요한 역할을 하였으나 1902년 러셀이 「모든 집합들의 집합」을 허용한다면 모순이 야기된다는 역설을 주장하여 큰 충격을 주었다. 이후 몇 가지 역설들이 제시되었고, 역설에서 나타난 모순을 극복하기 위하여 "집합"과 "원소" 같은 개념들을 무정의 용어(無定義 用語)로 규정하고, 이들 무정의 용어들은 몇 가지 공리들에 의하여 규제받도록 하는 공리적 집합론이 대두되었다. 그러나 그 어느 이론이든지 칸토르 이론의 주요 골격만은 그대로 유지되도록 구성하여 칸토르 집합 이론의 중요성을 강조하고 있다.

【 정리 3.10 】 러셀의 역설(Russell's paradox)

「모든 집합의 집합」(절대적 의미에서의 전체집합)은 존재하지 않는다.

증명 「모든 집합의 집합」 U가 존재한다고 가정하면

$$V = \{A \in U \mid A \not\in A\}$$

은 집합이 된다. 그러면 $V \in V$ 또는 $V \not\in V$이 성립한다. $V \in V$이라고 하면 V의 정의에 의하여 $V \not\in V$이 되어 모순이다. 또, $V \not\in V$이라고 하면 역시 V의 정의에 의하여 $V \in V$이 되어 모순이다. 따라서 「모든 집합의 집합」 U는 존재하지 않는다. ■

협동학습문제 해답

1. 임의의 두 집합 A, B에 대하여 $\mathscr{P}(A:B)=\{G\in\mathscr{P}(A)\mid G\supset B\}$이라고 할 때 $B\subset A$은 $\mathscr{P}(A:B)$의 원소의 개수와 $\mathscr{P}(A-B)$의 원소의 개수가 같기 위한 필요충분조건임을 증명하여라.

풀이 **〚두 명제 P, Q에 대하여 P는 Q이기 위한 필요충분조건이라는 것은 $P\Leftrightarrow Q$을 의미한다. $\mathscr{P}(A:B)$의 정의를 정확히 이해하여야 한다.〛**

$|X|$를 집합 X의 원소의 개수라 하고,

$$B\subset A\Leftrightarrow|\mathscr{P}(A:B)|=|\mathscr{P}(A-B)|$$

이 성립함을 보인다.

(i) $$B\subset A\Rightarrow|\mathscr{P}(A:B)|=|\mathscr{P}(A-B)|$$

이 성립함을 보인다.

$B=A$이면

$$G\in\mathscr{P}(A:B)\Leftrightarrow B\subset G\subset A$$

이므로

$$\mathscr{P}(A-B)=\mathscr{P}(\varnothing)=\{\varnothing\},$$
$$\mathscr{P}(A:B)=\{A\}$$

이다.

$B\subsetneq A$이면 $|\mathscr{P}(A:B)|$는 B의 원소를 제외한 $A-B$의 원소로 이루어진 A의 부분집합의 개수와 같다. 따라서

$$B\subset A\rightarrow|\mathscr{P}(A:B)|=|\mathscr{P}(A-B)|$$

이 참인 명제가 된다. 그러므로

$$B\subset A\Rightarrow|\mathscr{P}(A:B)|=|\mathscr{P}(A-B)|$$

이 성립한다.

(ii) $$|\mathscr{P}(A:B)|=|\mathscr{P}(A-B)|\Rightarrow B\subset A$$

이 성립함을 보인다.

$B \not\subset A \rightarrow |\mathscr{P}(A : B)| \neq |\mathscr{P}(A-B)|$이 참인 명제임을 증명한다.
이제 $B \not\subset A$인 경우를 살펴보자.

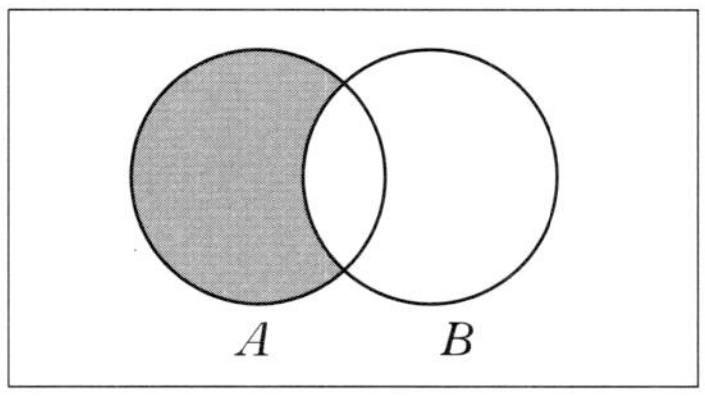

$A \cap B \neq \varnothing,\ A-B \neq \varnothing$

$A \cap B = \varnothing$ 인 경우 또는 $A \cap B \neq \varnothing,\ A-B \neq \varnothing$ 인 경우에는 B를 포함하는 A의 부분집합은 존재하지 않으므로 $\mathscr{P}(A : B) = \varnothing$ 이지만 $\mathscr{P}(A-B)$의 원소의 개수는 2개 이상이 되어

$$|\mathscr{P}(A : B)| \neq |\mathscr{P}(A-B)|$$

이 성립한다.

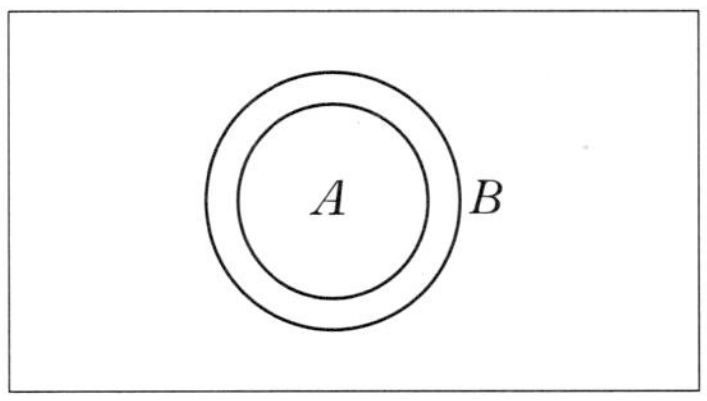

$A \cap B \neq \varnothing,\ A-B = \varnothing$

$A \cap B \neq \varnothing$, $A-B = \varnothing$ 인 경우에는

$$\mathscr{P}(A-B) = \mathscr{P}(\varnothing) = \{\varnothing\},$$
$$\mathscr{P}(A : B) = \varnothing$$

이 되어 $|\mathscr{P}(A : B)| \neq |\mathscr{P}(A-B)|$이 성립한다. 그러므로

$$B \not\subset A \rightarrow |\mathscr{P}(A : B)| \neq |\mathscr{P}(A-B)|$$

이 참인 명제가 되어

$$B \not\subset A \Rightarrow |\mathscr{P}(A : B)| \neq |\mathscr{P}(A-B)|$$

이 성립한다. □

2. $(A-B)\cup(B-A)=(A\cup B)-(A\cap B)$ 이 성립함을 보여라.

풀이 〚 $A-B=A\cap B^c$, **분배법칙, 드 모르강의 법칙 이용** 〛

$$
\begin{aligned}
(A-B)\cup(B-A) &= (A\cap B^c)\cup(B\cap A^c)\\
&= [(A\cap B^c)\cup B]\cap[(A\cap B^c)\cup A^c]\\
&= [(A\cup B)\cap(B^c\cup B)]\cap[(A\cup A^c)\cap(B^c\cup A^c)]\\
&= (A\cup B)\cap(B^c\cup A^c)\\
&= (A\cup B)\cap(A\cap B)^c\\
&= (A\cup B)-(A\cap B\}
\end{aligned}
$$

원소의 포함관계에 의한 증명보다는 위와 같이 집합의 연산법칙에 의해 증명하는 것이 더욱 간편하다.

$$(A-B)\cup(B-A)=(A\cup B)-(A\cap B)=A\triangle B$$

임을 유의하여야 한다. □

제 4 장

관계와 함수

〈학습목표〉

두 집합에 대한 데카르트 곱을 정의하고, 순서쌍을 이용하여 관계를 정의한다. 공집합이 아닌 집합 X에 대하여 X에서의 동치관계를 정의하고 동치관계와 분할과의 관련성을 학습한다. 또한 두 집합의 관계들 중 특별한 경우로서 함수를 정의하고 함수의 성질을 살펴본다. 분할과 동치관계, 관계와 함수의 관련성을 명확히 이해하는 것이 중요하다.

◦ 토론과제 ◦

1. 동치관계와 분할과의 관련성을 밝히고, 기호 $x/\mathcal{E}$ 와 $X/\mathcal{E}$ 의 의미를 살펴보아라.
2. 관계와 함수의 관련성을 설명하여라.
3. 함수 $f: X \rightarrow Y$와 임의의 부분집합 $A \subset X$, $B \subset Y$에 대하여

$$f^{-1}(f(A)) \supset A, \quad f(f^{-1}(B)) \subset B$$

   이 성립한다. 어떤 경우에 $f^{-1}(f(A)) = A$, $f(f^{-1}(B)) = B$이 성립할까?
4. 함수 f에 대한 f^{-1}의 의미를 살펴보아라. 일반적으로 다음이 성립한다.

$$f(\bigcup_{\gamma \in \Gamma} A_\gamma) = \bigcup_{\gamma \in \Gamma} f(A_\gamma), \quad f(\bigcap_{\gamma \in \Gamma} A_\gamma) \subset \bigcap_{\gamma \in \Gamma} f(A_\gamma)$$

$$f^{-1}(\bigcup_{\gamma \in \Gamma} B_\gamma) = \bigcup_{\gamma \in \Gamma} f^{-1}(B_\gamma), \quad f^{-1}(\bigcap_{\gamma \in \Gamma} B_\gamma) = \bigcap_{\gamma \in \Gamma} f^{-1}(B_\gamma)$$

   어떤 경우에 $f(\bigcap_{\gamma \in \Gamma} A_\gamma) = \bigcap_{\gamma \in \Gamma} f(A_\gamma)$이 성립할까?
5. 기호 $\prod_{\alpha \in \Lambda} A_\alpha$에 대한 의미를 살펴보아라.

협동학습문제

1. 집합 $X \neq \varnothing$에서의 동치관계 $\mathcal{E}$에 대하여 다음을 증명하여라.

$$X/(X/\mathcal{E}) = \mathcal{E}$$

☞ **$\mathcal{E}$을 집합 $X \neq \varnothing$ 에서의 동치관계라고 할 때**

$$x/\mathcal{E} = \{y \in X \mid y \mathcal{E} x\}$$

$$X/\mathcal{E} = \{x/\mathcal{E} \mid x \in X\}$$

이고, $\mathfrak{I}$을 집합 $X \neq \varnothing$ 의 분할이라 할 때 $X/\mathfrak{I}$는

$$x(X/\mathfrak{I})y \Leftrightarrow \exists A \in \mathfrak{I}(x,\ y \in A)$$

로 정의된 X에서의 관계임을 이해하여야 한다.

2. 단사함수 $f : X \rightarrow Y$와 X의 부분집합들의 모임 $\{A_\gamma \mid \gamma \in \Gamma\}$에 대하여

$$f\left(\bigcap_{\gamma \in \Gamma} A_\gamma\right) = \bigcap_{\gamma \in \Gamma} f(A_\gamma)$$

이 성립함을 보여라.

☞ **$f : X \rightarrow Y$가 단사함수이라는 것은**

$$f(x_1) = f(x_2) \Rightarrow x_1 = x_2$$

이 성립하는 것을 의미한다.

4.1 순서쌍과 데카르트 곱

임의의 두 대상 a, b에 대하여 (a, b)를 a, b의 순서쌍(ordered pair)이라 한다. 순서쌍 (a, b)에 대하여 a, b를 각각 첫 번째 좌표(the first coordinate), 두 번째 좌표(the second coordinate)라고 한다.

[정의 4.1]

임의의 두 대상 a, b에 대하여 (a, b)를 $\{\{a\}, \{a, b\}\}$로 정의한다.

이 정의로부터 다음과 같은 성질을 얻는다.

$$(a, b) = (c, d) \Leftrightarrow a = c \wedge b = d$$

[정의 4.2]

임의의 두 집합 A와 B의 데카르트 곱(Cartesian product)을 $A \times B$로 나타내며 다음과 같이 정의한다.

$$A \times B = \{(x, y) \mid x \in A \wedge y \in B\}$$

$A \times B$를 A와 B의 곱집합(product set)이라고 부르기도 한다.

실수 $\mathbb{R}$의 데카르트 곱 $\mathbb{R}\times\mathbb{R}$을 데카르트 평면이라 한다.

[보기 1] $A=\{a, b, c\}$, $B=\{1, 2\}$에 대하여 $A\times B\neq B\times A$임을 보여라.

풀이 $A\times B=\{(a, 1), (a, 2), (b, 1), (b, 2), (c, 1), (c, 2)\}$

$B\times A=\{(1, a), (1, b), (1, c), (2, a), (2, b), (2, c)\}$ □

위 보기의 $A\times B$를 데카르트 평면 위의 점으로 나타내면 다음 그림과 같다.

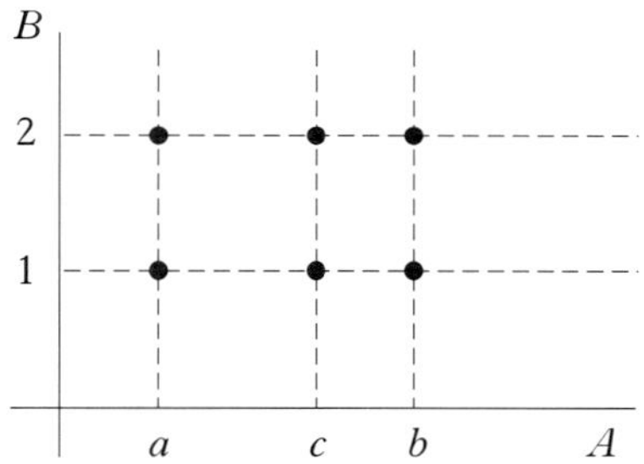

[보기 2] (1) $A=[1, 3)$, $B=[1, 2)$

(2) $A=(1, +\infty)$, $B=[1, 2)$

일 때의 $A\times B$를 데카르트 평면 위의 점으로 나타내면 다음 그림과 같다.

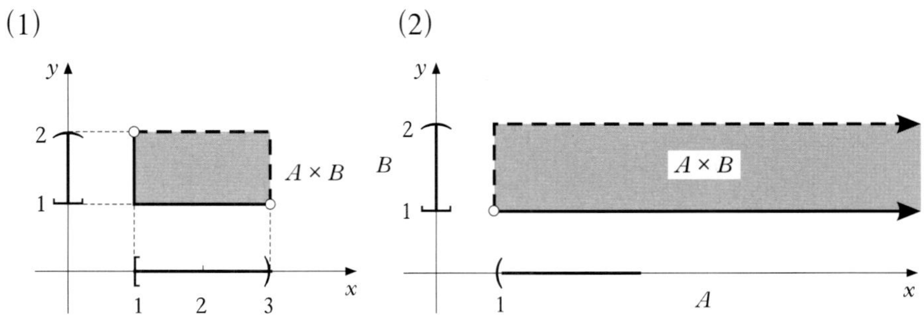

n개의 집합 $A_1 \times A_2 \times \cdots \times A_n$의 데카르트 곱은 다음과 같이 확장된다.

$$A_1 \times A_2 \times \cdots \times A_n = \{(a_1, a_2, \cdots, a_n) \mid a_i \in A_i,\ i \in \{1, 2, \cdots, n\}\}$$

【정리 4.1】

임의의 세 집합 A, B, C에 대하여 다음이 성립한다.

1. $A \times (B \cap C) = (A \times B) \cap (A \times C)$
2. $A \times (B \cup C) = (A \times B) \cup (A \times C)$

증명 1번 성질만 증명하고 2번 성질은 연습문제로 둔다.

1. $(x, y) \in A \times (B \cap C) \Leftrightarrow (x \in A) \wedge (y \in B \cap C)$
$\Leftrightarrow (x \in A) \wedge (y \in B \wedge y \in C)$
$\Leftrightarrow (x \in A) \wedge (x \in A) \wedge (y \in B) \wedge (y \in C)$
$\Leftrightarrow [(x \in A) \wedge (y \in B)] \wedge [(x \in A) \wedge (y \in C)]$
$\Leftrightarrow [(x, y) \in A \times B] \wedge [(x, y) \in A \times C]$
$\Leftrightarrow (x, y) \in (A \times B) \cap (A \times C)$

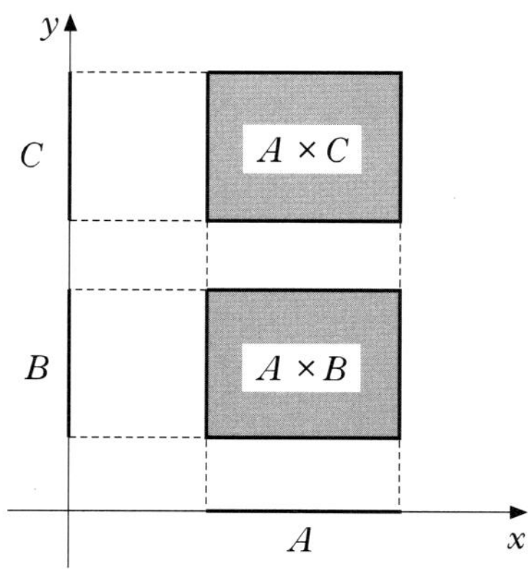

■

【 정리 4.2 】

임의의 세 집합 A, B, C에 대하여 다음이 성립한다.

$$A\times(B-C)=(A\times B)-(A\times C)$$

증명 $(x, y)\in A\times(B-C) \Leftrightarrow (x\in A)\wedge(y\in B-C)$
$\Leftrightarrow (x\in A)\wedge[(y\in B)\wedge(y\notin C)]$
$\Leftrightarrow (x\in A)\wedge(x\in A)\wedge(y\in B)\wedge(y\notin C)$
$\Leftrightarrow [(x\in A)\wedge(y\in B)]\wedge[(x\in A)\wedge(y\notin C)]$
$\Leftrightarrow [(x, y)\in A\times B]\wedge[(x, y)\notin A\times C]$
$\Leftrightarrow (x, y)\in(A\times B)-(A\times C)$ ■

연습문제 4.1

1. 두 집합 A, B에 대하여 어떤 조건에서 $A\times B=B\times A$이 참인 명제가 되겠는가?

2. $A\times B=\varnothing \Leftrightarrow (A=\varnothing)\vee(B=\varnothing)$임을 보여라.

3. 원소가 모두 9개인 데카르트 곱 $A\times A$에는 $(-1, 0)$, $(0, 1)$이 속한다고 한다. 이 때 집합 A와 $A\times A$를 구하여라.

4. 다음을 증명하여라.
   (1) $(A\times B)\cap(C\times D)=(A\cap C)\times(B\cap D)$
   (2) $(A\times B)\cup(C\times D)\subset(A\cup C)\times(B\cup D)$

5. [정의 4.1]에 의하여 $(a, b)=(c, d) \Leftrightarrow a=c\wedge b=d$가 성립함을 증명하여라.

4.2 동치관계와 분할

[정의 4.3]

집합 A에서 집합 B로의 관계(a relation from A to B) $\Re$은 데카르트 곱 $A\times B$의 공집합이 아닌 부분집합, 즉 $\varnothing \neq \Re \subset A\times B$이다. 이 경우에, 집합

$$\{a \in A \mid (a, b) \in \Re\}$$
$$\{b \in B \mid (a, b) \in \Re\}$$

을 각각 $\Re$의 정의역(domain), $\Re$의 치역(range)이라 하고, $Dom(\Re)$, $Ran(\Re)$으로 표시한다. $(a, b) \in \Re$을 $a\Re b$로 나타내고 "a는 b와 $\Re$관계가 있다"라고 읽는다. $A=B=X$인 경우에 $\Re$을 X에서의 관계(a relation in X 또는 a relation on X)라고 한다.

[정의 4.4]

A에서 B로의 관계 $\Re$에 대한 역관계 $\Re^{-1}$은 B에서 A로의 관계로서 다음과 같이 정의된다.

$$\Re^{-1} = \{(b, a) \in B\times A \mid (a, b) \in \Re\}$$

[보기 1] $A=\{1, 2, 3\}$, $B=\{a, b\}$에 대하여 $\Re=\{(1, a), (2, b)\}$는 $\Re \subset A\times B$이므로 A에서 집합 B로의 관계이다. $1\Re a$, $2\Re b$이므로 1은 a와 $\Re$관계가 있고, 2는 a와 $\Re$관계가 없다. 이 경우,

$$Dom(\Re)=\{1, 2\},\ Ran(\Re)=\{a, b\}=B,\ \Re^{-1}=\{(a, 1), (b, 2)\}$$

이다.

A에서 B로의 관계 $\Re$은 $A \times B$의 좌표도면 위에 나타낼 수 있다.

[보기 2] $A = \{1, 2, 3, 4\}$, $B = \{1, 3, 5\}$에 대하여 "a가 b보다 작다"로 정의된 A에서 B로의 관계 $\Re$은

$$\begin{aligned}\Re &= \{(a, b) \in A \times B \mid a < b\} \\ &= \{(1, 3), (1, 5), (2, 3), (2, 5), (3, 5), (4, 5)\}\end{aligned}$$

이므로 관계 $\Re$은 $A \times B$의 좌표도면 위에 다음과 같이 나타낼 수 있다. 이 경우,

$$Dom(\Re) = \{1, 2, 3, 4\} = A,\ Ran(\Re) = \{3, 5\},$$
$$\Re^{-1} = \{(3, 1), (3, 2), (5, 1), (5, 2), (5, 3), (5, 4)\}$$

이다.

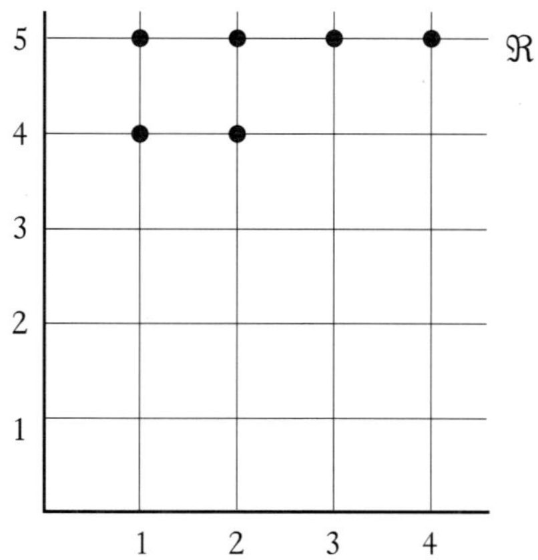

[정의 4.5]

집합 X에서의 관계 $\Re$, $\mathcal{H}$에 대하여 $\Re \circ \mathcal{H}$는

$$\Re \circ \mathcal{H} = \{(x, y) \in X \times X \mid \exists z \in X, (x, z) \in \mathcal{H} \wedge (z, y) \in \Re\}$$

으로 정의되는 X에서의 관계이다. 이것을 $\Re$, $\mathcal{H}$의 합성(composition)이라 한다.

【정리 4.3】

집합 X에서의 관계 $\Re$, $\mathcal{M}$, $\mathcal{H}$에 대하여 다음이 성립한다.

1. $(\Re \circ \mathcal{M}) \circ \mathcal{H} = \Re \circ (\mathcal{M} \circ \mathcal{H})$
2. $(\Re \circ \mathcal{H})^{-1} = \mathcal{H}^{-1} \circ \Re^{-1}$

증명 1. $(x, y) \in (\Re \circ \mathcal{M}) \circ \mathcal{H} \Leftrightarrow \exists z, (x, z) \in \mathcal{H} \wedge (z, y) \in \Re \circ \mathcal{M}$

$\Leftrightarrow \exists z, w, (x, z) \in \mathcal{H} \wedge [(z, w) \in \mathcal{M} \wedge (w, y) \in \Re]$

$\Leftrightarrow \exists z, w, [(x, z) \in \mathcal{H} \wedge (z, w) \in \mathcal{M}] \wedge (w, y) \in \Re$

$\Leftrightarrow \exists w, (x, w) \in \mathcal{M} \circ \mathcal{H} \wedge (w, y) \in \Re$

$\Leftrightarrow (x, y) \in \Re \circ (\mathcal{M} \circ \mathcal{H})$

2. $(x, y) \in (\Re \circ \mathcal{H})^{-1} \Leftrightarrow (y, x) \in \Re \circ \mathcal{H}$

$\Leftrightarrow \exists z, (y, z) \in \mathcal{H} \wedge (z, x) \in \Re$

$\Leftrightarrow \exists z, (x, z) \in \Re^{-1} \wedge (z, y) \in \mathcal{H}^{-1}$

$\Leftrightarrow (x, y) \in \mathcal{H}^{-1} \circ \Re^{-1}$ ■

[정의 4.6]

공집합이 아닌 집합 X에서의 관계 $\mathfrak{R}$에 대하여 다음과 같이 정의한다.

(1) 임의의 $x \in X$에 대하여 $x\mathfrak{R}x$인 경우, 또 그 경우에 한하여 $\mathfrak{R}$은 반사적(reflexive)이다.

(2) $x\mathfrak{R}y \Rightarrow y\mathfrak{R}x$인 경우, 또 그 경우에 한하여 $\mathfrak{R}$은 대칭적(symmetric)이다.

(3) $x\mathfrak{R}y \wedge y\mathfrak{R}z \Rightarrow x\mathfrak{R}z$인 경우, 또 그 경우에 한하여 $\mathfrak{R}$은 추이적(transitive)이다.

(4) $x\mathfrak{R}y \wedge y\mathfrak{R}x \Rightarrow x=y$인 경우, 또 그 경우에 한하여 $\mathfrak{R}$은 반 대칭적(anti-symmetric)이다.

(5) $\mathfrak{R}$이 반사적, 대칭적, 추이적인 경우, 또 그 경우에 한하여 $\mathfrak{R}$은 동치관계(equivalence relation)이다.

[보기 3] $A=\{a, b, c, d\}$라 하고, A에서의 관계

$$\mathfrak{R}=\{(a, b), (b, a), (b, b), (b, d), (c, c), (d, b), (d, d)\}$$

을 $A\times A$의 좌표도면 위에 그리면 아래 그림과 같다.

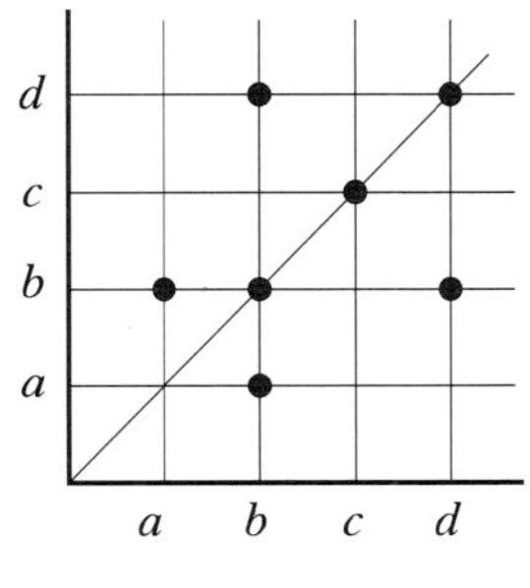

(1) $(a, a) \notin \mathfrak{R}$이므로 $\mathfrak{R}$은 반사적 관계가 아니다.
$(a, b) \in \mathfrak{R} \wedge (b, d) \in \mathfrak{R}$이지만 $(a, d) \notin \mathfrak{R}$이므로 $\mathfrak{R}$은 추이적 관계도 아니다. 그러나 $\mathfrak{R}$이 대칭적 관계임은 쉽게 알 수 있다.

(2) $\{x \mid (x, b) \in \Re\} = \{a, b, d\}$ 이고, $\{x \mid (d, x) \in \Re\} = \{b, d\}$ 이다.

$X \neq \varnothing$ 인 경우 X에서의 동치관계는 적어도 2개는 반드시 존재한다. 그 하나는

$$\Delta_X = \{(x, x) \mid x \in X\}$$

와 같이 정의된 대각관계(diagonal relation) 또는 항등관계(identity relation)이라고 하는 Δ_X이다. 또 하나는 $X \times X$이다. Δ_X는 X에서의 동치관계 중 가장 작은 것이고 $X \times X$은 가장 큰 것이다. 그림으로 나타내면 다음과 같다.

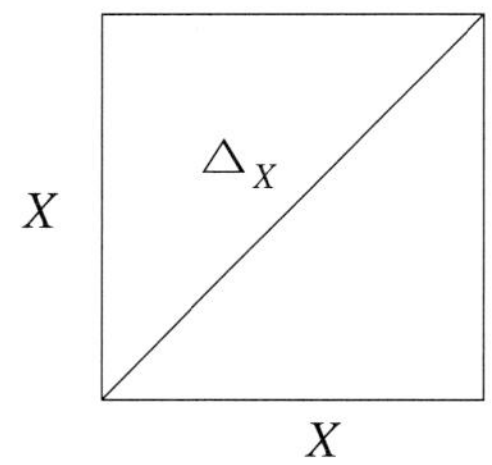

[보기 4] 다음은 집합 $X \neq \varnothing$ 에서의 동치관계의 보기들이다.

(1) X가 유클리드 평면에 있는 삼각형들의 집합이고 $(x, y) \in \Re$ 을 "x와 y는 닮은꼴이다."로 정의되는 관계 $\Re$

(2) $(x, y) \in \Re \Leftrightarrow x = y$ 인 실수 집합 $X = \mathbb{R}$ 에서의 상등관계

(3) "x와 y는 같은 색이다"로 정의된 구슬의 집합 X에서의 관계 $\Re$

[보기 5] 임의의 고정된 양의 정수 m에 대하여 m을 법(modulo)으로 하는 합동관계(congruence relation)를 다음과 같이 정의하면 이 합동관계는 정수의 집합 $\mathbb{Z}$ 에서의 동치관계임을 보여라.

$$x \equiv y \pmod{m} \Leftrightarrow \exists\, k \in \mathbb{Z},\ x - y = km$$

풀이 (1) 임의의 $x \in \mathbb{Z}$ 에 대하여 $x-x=0 \cdot m$ 이므로 $x \equiv x(\text{mod } m)$ 이다. 따라서 주어진 관계는 반사적이다.

(2) $x \equiv y(\text{mod } m)$ 이면 적당한 $k \in \mathbb{Z}$ 에 대하여 $x-y=km$ 이므로 $y-x=(-k)m$ 이고 $-k \in \mathbb{Z}$ 이다. 따라서 $y \equiv x(\text{mod } m)$ 이 되고 주어진 관계는 대칭적이다.

(3) $x \equiv y(\text{mod } m)$, $y \equiv z(\text{mod } m)$ 이면 적당한 $k_1, k_2 \in \mathbb{Z}$ 에 대하여

$$x-y=k_1m, \quad y-z=k_2m$$

이다. 그러므로

$$x-z=(x-y)+(y-z)=k_1m+k_2m=(k_1+k_2)m$$

이고 $k_1+k_2 \in \mathbb{Z}$ 이므로 $x \equiv z(\text{mod } m)$ 이 되고 주어진 관계는 추이적이다.

(1), (2), (3)에 의하여 m 을 법으로 하는 합동관계는 동치관계이다. □

[정의 4.7]

집합 $X \neq \varnothing$ 에 대하여 X의 분할(partition)이라 하는 것은 다음을 만족하는 공집합이 아닌 X의 부분집합들의 모임 $\mathfrak{I}$를 말한다.

(1) 임의의 $A, B \in \mathfrak{I}$에 대하여 $A \neq B \Rightarrow A \cap B = \varnothing$

(2) $\cup \mathfrak{I} = X$

직관적으로 말하면 집합 X의 분할은 X를 서로 소인 공집합이 아닌 부분집합으로 나누어놓은 것을 의미한다.

[보기 6] m을 임의의 고정된 양의 정수라 하자. 각 정수 $y\,(0 \leq y < m)$에 대하여

$$\mathbb{Z}_y = \{x \in \mathbb{Z} \mid \exists\, k \in \mathbb{Z},\ x-y = km\}$$

라고 하면

$$\{\mathbb{Z}_0, \mathbb{Z}_1, \mathbb{Z}_2, \cdots, \mathbb{Z}_{m-1}\}$$

은 집합 $\mathbb{Z}$의 하나의 분할이다. 특히 $m=2$인 경우 $\mathbb{Z}$의 분할은

$$\mathbb{Z}_0 = \{x \in \mathbb{Z} \mid x\text{는 짝수}\}$$
$$\mathbb{Z}_1 = \{x \in \mathbb{Z} \mid x\text{는 홀수}\}$$

이다.

공집합이 아닌 집합에 대하여 그 집합에서의 동치관계와 분할 사이에는 서로 밀접한 관련이 있고 이것은 수학의 여러 분야에서 매우 중요한 역할을 하게 된다.

[정의 4.8]

$\mathcal{E}$을 집합 $X \neq \varnothing$에서의 동치관계라고 할 때 각 $x \in X$에 대하여

$$x/\mathcal{E} = \{y \in X \mid y\mathcal{E}x\}$$

을 x에 의하여 정해지는 동치류(equivalence class)라고 하며, $\mathcal{E}_x$ 또는 $[x]$ 등으로 나타내기도 한다. 집합 X에서의 모든 동치류의 집합을 $X/\mathcal{E}$으로 나타내며 "X 법(modulo) $\mathcal{E}$" 또는 간단히 "X mod $\mathcal{E}$"라고 읽는다. 즉,

$$X/\mathcal{E} = \{x/\mathcal{E} \mid x \in X\}$$

이다.

【 정리 4.4 】

집합 $X \neq \varnothing$ 에서의 동치관계 $\mathcal{E}$ 에 대하여 집합 $X/\mathcal{E}$ 은 X의 하나의 분할이다.

증명 임의의 $x \in X$에 대하여 $\mathcal{E}$ 는 반사적이므로 $x\mathcal{E}x$ 이다. 따라서 $x \in x/\mathcal{E}$ 이 되어 $x/\mathcal{E} \neq \varnothing$ 이다.

(1) $x/\mathcal{E} \neq y/\mathcal{E} \Rightarrow x/\mathcal{E} \cap y/\mathcal{E} = \varnothing$ 인 것을 밝히기 위하여 논리의 대우법칙을 이용하여

$$x/\mathcal{E} \cap y/\mathcal{E} \neq \varnothing \Rightarrow x/\mathcal{E} = y/\mathcal{E}$$

임을 보인다.

$$\begin{aligned} x/\mathcal{E} \cap y/\mathcal{E} \neq \varnothing &\Leftrightarrow \exists z\ (z \in x/\mathcal{E} \wedge z \in y/\mathcal{E}) \\ &\Leftrightarrow z\mathcal{E}x \wedge z\mathcal{E}y \\ &\Leftrightarrow x\mathcal{E}z \wedge z\mathcal{E}y \\ &\Rightarrow x\mathcal{E}y \end{aligned}$$

임의의 $z \in x/\mathcal{E}$ 에 대하여 $z\mathcal{E}x$ 이고, 가정에 의하여 $x\mathcal{E}y$ 이므로 $z\mathcal{E}y$ 이다. 따라서 $z \in y/\mathcal{E}$ 이다. 그러므로 $x/\mathcal{E} \subset y/\mathcal{E}$ 이 성립한다. 같은 방법으로 $y/\mathcal{E} \subset x/\mathcal{E}$ 도 성립한다. 따라서 $x/\mathcal{E} = y/\mathcal{E}$ 이다.

(2) $\bigcup_{x \in X} x/\mathcal{E} = X$ 인 것은 분명하다. 그러므로 집합 $X/\mathcal{E}$ 는 X의 분할이다. ■

위 [정리 4.4]에 의하여 집합 $X \neq \varnothing$ 에서의 동치관계는 X의 분할을 만드는 것을 보았다. 역으로 집합 X의 분할이 X에서의 동치관계를 만들 수 있음을 보인다.

[정의 4.9]

$\mathfrak{I}$를 집합 $X \neq \varnothing$ 의 분할이라 하자. X에서의 관계 $X/\mathfrak{I}$를 다음과 같이 정의한다.

$$x(X/\mathfrak{I})y \Leftrightarrow \exists A \in \mathfrak{I} \quad (x, y \in A)$$

【 정리 4.5 】

$\mathfrak{I}$가 집합 $X \neq \varnothing$의 분할이면 관계 $X/\mathfrak{I}$은 X에서의 하나의 동치관계이고, 동치관계 $X/\mathfrak{I}$에 의해 유도된 동치류들의 모임은 분할 $\mathfrak{I}$를 이룬다. 이것을 기호로 나타내면 다음과 같다.

$$X/(X/\mathfrak{I}) = \mathfrak{I}$$

증명 임의의 원소 $x \in X$는 적당한 $A \in \mathfrak{I}$에 속하므로 $x(X/\mathfrak{I})x$이다. 따라서 $X/\mathfrak{I}$는 반사적이다. $X/\mathfrak{I}$의 대칭성은 분명하다. $X/\mathfrak{I}$이 추이적임을 보이기 위하여 임의의 $x, y, z \in X$에 대하여 $x(X/\mathfrak{I})y$, $y(X/\mathfrak{I})z$라고 가정하면 적당한 $A, B \in \mathfrak{I}$가 존재하여 $x, y \in A$이고 $y, z \in B$이다. $y \in A \cap B \neq \varnothing$이므로 분할의 정의에 의하여 $A = B$이다. 따라서 $x(X/\mathfrak{I})z$이다. 그러므로 $X/\mathfrak{I}$는 X에서의 동치관계이다.
임의의 $x/(X/\mathfrak{I})$에 대하여 x를 포함하는 $A \in \mathfrak{I}$는 분할 $\mathfrak{I}$의 정의에 의하여 유일하게 존재하므로 $x/(X/\mathfrak{I}) = A$이다. 역으로 임의의 $A \in \mathfrak{I}$에 대하여 $A \neq \varnothing$이므로 $x \in A$가 존재한다. 따라서 $A = x/(X/\mathfrak{I})$이다. 그러므로 $X/(X/\mathfrak{I}) = \mathfrak{I}$이 성립한다. ■

[보기 7] 정수의 집합 $\mathbb{Z}$에 대하여

$$\mathbb{Z}_0 = \{x \in \mathbb{Z} \mid x\text{는 짝수}\}$$
$$\mathbb{Z}_1 = \{x \in \mathbb{Z} \mid x\text{는 홀수}\}$$

이라고 하면 $\mathfrak{I} = \{\mathbb{Z}_0, \mathbb{Z}_1\}$은 $\mathbb{Z}$의 분할을 이룬다.

$$a(\mathbb{Z}/\mathfrak{I})b \Leftrightarrow [(a, b \in \mathbb{Z}_0) \vee (a, b \in \mathbb{Z}_1)]$$

이라고 정의하면 이 관계 $\mathbb{Z}/\mathfrak{I}$은 $\mathbb{Z}$에서의 동치관계이다. 실제로 관계 $\mathbb{Z}/\mathfrak{I}$는 2를 법으로 하는 $\mathbb{Z}$에서의 합동관계이다.
역으로 $\mathbb{Z}$에서의 동치관계 $\mathcal{E}$을, 2를 법으로 하는 합동관계로 정의하면

$$a/\mathcal{E} = \{x \in \mathbb{Z} \mid x \equiv a (\text{mod } 2)\} = \begin{cases} \mathbb{Z}_0 & (a\text{는 짝수}) \\ \mathbb{Z}_1 & (a\text{는 홀수}) \end{cases}$$

이다. 따라서 $\mathbb{Z}/\mathcal{E} = \{\mathbb{Z}_0, \mathbb{Z}_1\}$ 이고, 이것은 분명히 $\mathbb{Z}$ 의 분할이다.

[보기 8] 집합 $X \neq \varnothing$ 에서의 동치관계 $\mathcal{E}$ 에 대하여 다음을 증명하여라.

$$x/\mathcal{E} \cap y/\mathcal{E} \neq \varnothing \Leftrightarrow x\mathcal{E}y$$

풀이 ($\Rightarrow$) [정리 4.4]의 증명과정 (1)에서 보인 것과 같다.
($\Leftarrow$) $x\mathcal{E}y \Leftrightarrow x \in y/\mathcal{E}$ 이고, $x \in x/\mathcal{E}$ 이므로 $x/\mathcal{E} \cap y/\mathcal{E} \neq \varnothing$ 이다. □

연습문제 4.2

1. "$2x+y=10$"으로 정의된 자연수의 집합 $\mathbb{N}$ 에서의 관계 $\Re$, 즉

$$\Re = \{(x, y) \in \mathbb{N} \times \mathbb{N} \mid 2x+y=10\}$$

에 대하여 다음을 구하여라.
(1) 관계 $\Re$을 $\mathbb{N} \times \mathbb{N}$ 의 좌표도면 위에 나타내어라.
(2) $Dom(\Re)$
(3) $Ran(\Re)$
(4) $\Re^{-1}$

2. $A = \{a, b, c\}$, $\Re = \{(a, a), (b, b), (c, c), (a, b), (b, a), (c, a), (a, c)\}$ 일 때 $\Re$은 반사적이고 대칭적인 관계이지만 추이적인 관계는 되지 않음을 보여라.

3. 집합 A의 원소가 m개, B의 원소가 n개이면 A에서 B로의 관계는 모두 몇

개인가?

4. 집합 A에서 집합 B로의 관계 $\mathfrak{R}$에 대하여 다음을 증명하여라.
   (1) $Dom(\mathfrak{R}^{-1}) = Ran(\mathfrak{R})$
   (2) $Ran(\mathfrak{R}^{-1}) = Dom(\mathfrak{R})$

5. 집합 X에서의 관계 $\mathfrak{R}$에 대하여 다음을 증명하여라.
   (1) $\Delta_X \subset \mathfrak{R}$인 경우, 또 그 경우에 한하여 $\mathfrak{R}$은 반사적이다.
   (2) $\mathfrak{R} = \mathfrak{R}^{-1}$인 경우, 또 그 경우에 한하여 $\mathfrak{R}$은 대칭적이다.
   (3) $\mathfrak{R} \circ \mathfrak{R} \subset \mathfrak{R}$인 경우, 또 그 경우에 한하여 $\mathfrak{R}$은 추이적이다.
   (4) $\mathfrak{R} \cap \mathfrak{R}^{-1} \subset \Delta_X$인 경우, 또 그 경우에 한하여 $\mathfrak{R}$은 반 대칭적이다.
   (5) $\mathfrak{R}^{-1}$가 동치관계인 경우, 또 그 경우에 한하여 $\mathfrak{R}$은 동치관계이다.

6. 집합 $X = \mathbb{Z} \times (\mathbb{Z} - \{0\})$에서의 관계 $\sim$을 다음과 같이 정의하면 $\sim$은 X에서의 동치관계임을 증명하여라.

$$(a, b) \sim (c, d) \Leftrightarrow ad = bc$$

7. $\mathfrak{I}$가 집합 $X \neq \varnothing$의 분할인 경우 동치관계 $X/\mathfrak{I}$에 대하여 $X/\mathfrak{I} = \bigcup_{A \in \mathfrak{I}} A \times A$임을 증명하여라.

8. $X = \{a, b, c, d, e\}$, $\mathfrak{I} = \{\{a, b\}, \{c\}, \{d, e\}\}$에 대하여 다음에 답하여라.
   (1) $\mathfrak{I}$는 집합 X의 분할임을 보여라.
   (2) 순서쌍의 집합으로 X에서의 동치관계 $X/\mathfrak{I}$를 구하여라.
   (3) $\mathcal{E} = X/\mathfrak{I}$라고 할 때 $a/\mathcal{E}$, $b/\mathcal{E}$, $c/\mathcal{E}$, $d/\mathcal{E}$, $e/\mathcal{E}$을 구하여라.

4.3 함 수

함수는 수학의 각 분야에서 가장 기본이 되는 개념 중 하나이다. 정의역이라 부르는 집합의 각 원소에 공역이라 부르는 집합의 원소가 단 하나씩 대응하는 규칙이라고 함수를 정의하여 왔다. 여기서 "규칙"이란 무엇을 의미하는가? 이러한 분명하지 않은 표현 대신에 「관계」의 개념을 이용하여 다음과 같이 특별한 성질을 만족하는 관계로 함수를 정의한다.

[정의 4.10]

두 집합 X, Y에 대하여 X에서 Y로의 함수(a function from X to Y)는 다음을 만족하는 (f, X, Y)이다.

(1) f는 X에서 Y로의 관계, 즉 $f \subset X \times Y$이다.

(2) $Dom(f) = X$

(3) $[(x, y) \in f \wedge (x, z) \in f] \Rightarrow [y = z]$

집합 X, Y에 대하여 X에서 Y로의 함수를 흔히 X에서 Y로의 사상(map, mapping)이라고 하기도 한다.

임의의 $x \in X$에 $(x, y) \in f$을 만족하는 $y \in Y$가 일의적으로 대응된다는 것을 나타내기 위하여 (f, X, Y)보다는 $f : X \to Y$를, $(x, y) \in f$ 보다는 $y = f(x)$를 쓰기로 한다.

함수 $f : X \to Y$에 대하여 $y = f(x)$일 때 y를 f에 의한 x의 상(像, image), x를 f에 의한 y의 원상(preimage)이라 한다. 이때 Y를 f의 공역(codomain)이라 한다. 함수의 공역이 함수의 치역 $Ran(f) = \{f(x) \mid x \in X\}$ 와 같을 필요는 없음을 주목하여야 한다. 일반적으로 함수의 치역은 그 공역의 부분집합이다.

주어진 함수의 정의역 X와 공역 Y를 분명히 알고 있을 때에는 함수 $f : X \to Y$를 간단히 함수 f로 나타내기도 한다.

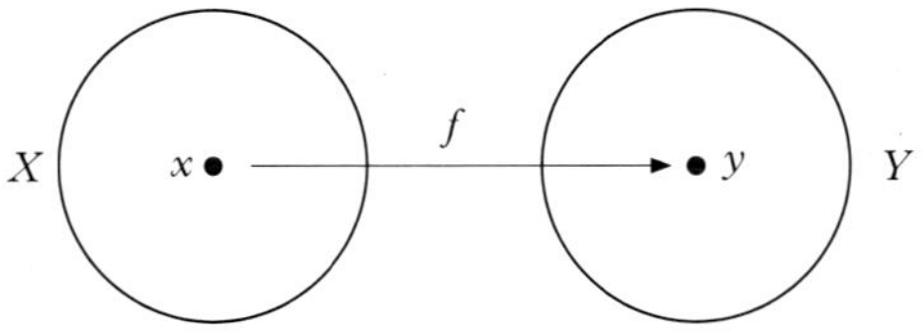

$y=x$의 상

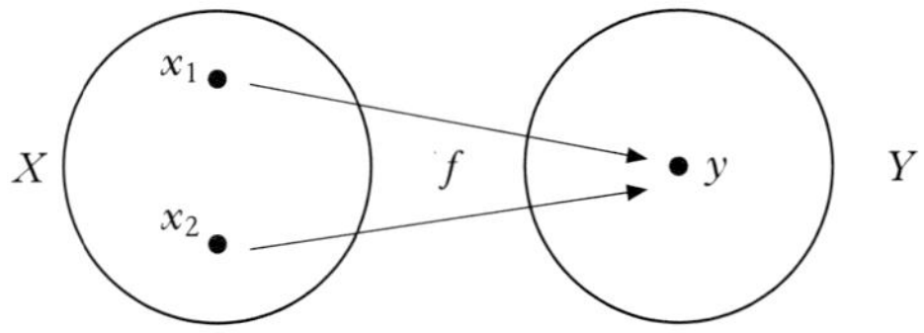

x_1와 x_2는 y의 원상

【 정리 4.6 】

함수 $f: X \rightarrow Y$에 대하여 $Ran(f) \subset W$이면 $f: X \rightarrow W$도 함수이다.

증명 f가 X에서 W로의 관계, 즉 $f \subset X \times W$임을 보인다.

$$\begin{aligned}(x, y) \in f &\Rightarrow x \in X \wedge y \in Ran(f) \\ &\Rightarrow x \in X \wedge y \in W \\ &\Rightarrow (x, y) \in X \times W\end{aligned}$$

가정에서 $f: X \rightarrow Y$는 함수이므로 $Dom(f) = X$이고 임의의 $x \in X$에 대하여 f에 의한 x의 상은 일의적으로 대응된다. 따라서 $f: X \rightarrow W$는 함수이다. ■

【 정리 4.7 】

두 함수 $f: X \rightarrow Y$, $g: X \rightarrow Y$에 대하여 $f = g$이기 위한 필요충분조건은 임의의 $x \in X$에 대하여 $f(x) = g(x)$이다.

증명 $(\Rightarrow)$ $f = g$라고 하자. 임의의 $x \in X$에 대하여

$$y = f(x) \Leftrightarrow (x, y) \in f \Leftrightarrow (x, y) \in g \Leftrightarrow y = g(x)$$

이 성립한다. 따라서 $f(x) = g(x)$이다.

$(\Leftarrow)$ 임의의 $x \in X$에 대하여 $f(x) = g(x)$이면

$$(x, y) \in f \Leftrightarrow y = f(x) \Leftrightarrow y = g(x) \Leftrightarrow (x, y) \in g$$

이 성립한다. 따라서 $f=g$ 이다. ■

[보기 1] $X \neq \varnothing$ 이고 $A \subset X$라고 하자. 관계

$$\{(x, y) \in X \times \{0, 1\} \mid x \in A\text{이면 } y=1,\ x \notin A\text{이면 } y=0\}$$

은 X에서 $\{0, 1\}$로의 함수이다. 이 함수를 X에서의 A의 특성함수(characteristic function)라고 하며 χ_A로 나타낸다. 즉 함수 $\chi_A : X \to \{0, 1\}$은

$$\chi_A(x) = \begin{cases} 1 & (x \in A) \\ 0 & (x \in X-A) \end{cases}$$

으로 정의한다.

[보기 2] 집합 X에서의 대각관계 Δ_X는 집합 X에서의 함수이다. Δ_X가 함수임을 강조하기 위하여 이것을 $1_X : X \to X$로 쓰기로 한다. 즉 Δ_X는 임의의 $x \in X$에 대하여 $1_X(x)=x$로 정의되는 함수이다. 이 함수 1_X를 집합 X에서의 항등함수(identity function)라고 한다.

[보기 3] 두 집합 A, X에 대하여 $A \subset X$이고 $f=\{(a, a) \mid a \in A\}$ 일 때 f는 A에서 X로의 함수가 된다. 이 함수를 포함함수(inclusion function)라고 하며 이것을 $f : A \subset X$와 같이 나타내기도 한다.

[보기 4] X, Y가 공집합이 아닌 집합이고, Y의 고정된 원소 b에 대하여 관계 $C_b=\{(x, b) \mid x \in X\}$는 임의의 $x \in X$에 대하여 $C_b(x)=b$로 정의되는

함수 $C_b : X \to X$이다. 이 함수를 상수함수(constant function)라고 한다.

[보기 5] 함수 $f : X \to Y$에서 $A \subset X$일 때 모든 $a \in A$에 대하여 $f|_A(a) = f(a)$로 정의된 함수 $f|_A : A \to Y$를 f의 A위의 제한함수(restriction)라고 한다.

미적분에서 둘 또는 그 이상의 대응규칙에 의하여 정의된 함수를 보았다. 예를 들면 다음과 같이 정의된 함수 $h : \mathbb{R} \to \mathbb{R}$이다.

$$h(x) = \begin{cases} 1-2x & (x \leq 0) \\ x^2+1 & (x \geq 0) \end{cases}$$

$f(x) = 1-2x$, $g(x) = x^2+1$일 때, $Dom(f) \cap Dom(g) = \{0\}$, $f(0) = g(0) = 1$임을 주목하여야 한다.

【 정리 4.8 】

두 함수 $f : A \to C$, $g : B \to D$가 주어졌을 때 만약 임의의 $x \in A \cap B$에 대하여 $f(x) = g(x)$이면 두 함수 f와 g의 합집합 $f \cup g$은

$$h(x) = \begin{cases} f(x) & (x \in A) \\ g(x) & (x \in B) \end{cases}$$

으로 정의된 함수 $h : A \cup B \to C \cup D$와 같다.

증명 (1) $f \subset A \times C$, $g \subset B \times D$이므로

$$f \cup g \subset (A \times C) \cup (B \times D) \subset (A \cup B) \times (C \cup D)$$

이다. 그러므로 $f \cup g$는 $A \cup B$에서 $C \cup D$로의 관계이다.

(2)
$$\begin{aligned} x \in Dom(f \cup g) &\Leftrightarrow \exists y, (x, y) \in f \cup g \\ &\Leftrightarrow \exists y, (x, y) \in f \vee \exists y, (x, y) \in g \\ &\Leftrightarrow x \in Dom(f) \cup Dom(g) \end{aligned}$$

이므로 $Dom(f \cup g) = Dom(f) \cup Dom(g) = A \cup B$이다.

(3) 임의의 $x \in A \cup B$에 대하여 다음 세 가지 경우를 생각할 수 있다.

(i) $x \in A - B$ (ii) $x \in B - A$ (iii) $x \in A \cap B$

(i) $x \in A - B$이면 함수 f에 의하여
(ii) $x \in B - A$이면 함수 g에 의하여
(iii) $x \in A \cap B$이면 $f(x) = g(x)$이므로

위 세 경우 어느 경우이든 $f \cup g$에 의한 x의 상은 일의적으로 대응된다. 따라서 $f \cup g$은 함수 $h : A \cup B \to C \cup D$와 같다. ■

[정의 4.11]

함수 $f : X \to Y$에 대하여 $A \subset X$, $B \subset Y$일 때

$$f(A) = \{f(x) \in Y \mid x \in A\},$$
$$f^{-1}(B) = \{x \in X \mid f(x) \in B\}$$

을 각각 f에 의한 A의 상(image), B의 역상(inverse image)이라 한다. 이때 $f(X) = Ran(f)$, $f^{-1}(Y) = X$가 성립한다. 또한 $f^{-1}(B) = \varnothing$이 될 수 있음을 주목하여야 한다. $Ran(f)$를 $Im(f)$로 쓰기도 한다.

[보기 6] $A = \{1, 2, 3, 4, 5\}$에 대하여 함수 $f : A \to A$가 그림과 같이 정의되었을 때 다음이 성립한다.

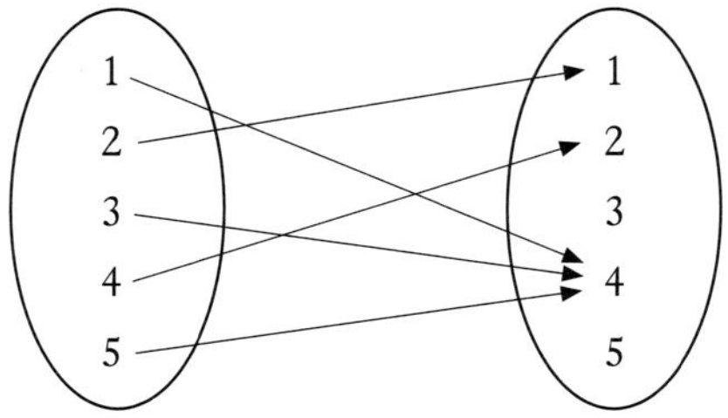

$Dom(f) = A,$

$Ran(f) = \{1,\ 2,\ 4\}$

$f(\{1,\ 3,\ 5\}) = \{f(1),\ f(3),\ f(5)\} = \{4\}$

$f^{-1}(\{2,\ 3,\ 4\}) = \{4,\ 1,\ 3,\ 5\}$

$f^{-1}(\{3,\ 5\}) = \varnothing$

다음 정리는 [정의 4.11]로부터 곧 얻을 수 있다.

【 정리 4.9 】

함수 $f : X \to Y$에 대하여 다음이 성립한다.

1. $f(\varnothing) = \varnothing$
2. 임의의 $x \in X$에 대하여 $f(\{x\}) = \{f(x)\}$
3. $A \subset B \subset X \Rightarrow f(A) \subset f(B)$
4. $C \subset D \subset Y \Rightarrow f^{-1}(C) \subset f^{-1}(D)$

【 정리 4.10 】

함수 $f: X \to Y$와 X의 부분집합들의 모임 $\{A_\gamma \mid \gamma \in \Gamma\}$에 대하여 다음이 성립한다.

1. $f(\bigcup_{\gamma \in \Gamma} A_\gamma) = \bigcup_{\gamma \in \Gamma} f(A_\gamma)$
2. $f(\bigcap_{\gamma \in \Gamma} A_\gamma) \subset \bigcap_{\gamma \in \Gamma} f(A_\gamma)$

증명 1. $y \in f(\bigcup_{\gamma \in \Gamma} A_\gamma) \Leftrightarrow \exists x \in \bigcup_{\gamma \in \Gamma} A_\gamma,\ y = f(x) \Leftrightarrow \exists \gamma \in \Gamma,\ x \in A_\gamma,\ y = f(x)$

$$\Leftrightarrow \exists \gamma \in \Gamma,\ y \in f(A_\gamma) \Leftrightarrow y \in \bigcup_{\gamma \in \Gamma} f(A_\gamma)$$

2. 임의의 $\gamma \in \Gamma$에 대하여 $\bigcap_{\gamma \in \Gamma} A_\gamma \subset A_\gamma$ 이므로 [정리 4.9] (3)에 의하여 $f(\bigcap_{\gamma \in \Gamma} A_\gamma) \subset f(A_\gamma)$ 이 성립한다. 따라서 $f(\bigcap_{\gamma \in \Gamma} A_\gamma) \subset \bigcap_{\gamma \in \Gamma} f(A_\gamma)$ 이다. ■

[보기 7] $C_b(x) = b$로 정의되는 상수함수 $C_b: X \to X$에 $A, B \subset X$가 $A \cap B = \varnothing$일 때 $C_b(A \cap B) = \varnothing$ 이고, $C_b(A) \cap C_b(B) = \{b\}$ 이다.

【 정리 4.11 】

함수 $f: X \to Y$와 Y의 부분집합들의 모임 $\{B_\gamma \mid \gamma \in \Gamma\}$에 대하여 다음이 성립한다.

1. $f^{-1}(\bigcup_{\gamma \in \Gamma} B_\gamma) = \bigcup_{\gamma \in \Gamma} f^{-1}(B_\gamma)$
2. $f^{-1}(\bigcap_{\gamma \in \Gamma} B_\gamma) = \bigcap_{\gamma \in \Gamma} f^{-1}(B_\gamma)$

증명 1번 성질만 증명하고 2번 성질은 연습문제로 둔다.

$$x \in f^{-1}\left(\bigcup_{\gamma \in \Gamma} B_\gamma\right) \Leftrightarrow f(x) \in \bigcup_{\gamma \in \Gamma} B_\gamma \Leftrightarrow \exists \gamma \in \Gamma, f(x) \in B_\gamma$$
$$\Leftrightarrow \exists \gamma \in \Gamma, x \in f^{-1}(B_\gamma) \Leftrightarrow x \in \bigcup_{\gamma \in \Gamma} f^{-1}(B_\gamma)$$ ■

【 정리 4.12 】

함수 $f: X \to Y$와 임의의 부분집합 $B, C \subset Y$에 대하여 다음이 성립한다.

$$f^{-1}(B-C) = f^{-1}(B) - f^{-1}(C)$$

증명 $x \in f^{-1}(B-C) \Leftrightarrow f(x) \in B-C \Leftrightarrow f(x) \in B \wedge f(x) \notin C$
$$\Leftrightarrow x \in f^{-1}(B) \wedge x \notin f^{-1}(C)$$
$$\Leftrightarrow x \in [f^{-1}(B) - f^{-1}(C)]$$ ■

[정의 4.12]

(1) 함수 $f: X \to Y$에서 임의의 $x_1, x_2 \in X$에 대하여

$$f(x_1) = f(x_2) \Rightarrow x_1 = x_2$$

이 성립할 때 즉,

$$x_1 \neq x_2 \Rightarrow f(x_1) \neq f(x_2)$$

일 때 f를 단사(injective) 또는 일대일(one-to-one, 1-1) 함수라고 한다.

(2) 함수 $f: X \to Y$에서 임의의 $y \in Y$에 대하여 $f(x) = y$인 $x \in X$가 적어도 하나 존재할 때 즉, $f(X) = Y$일 때 f를 전사(surjective) 또는 위로(onto)의 함수라고 한다.

(3) 함수 $f: X \to Y$가 전사이고 단사일 때 f를 전단사(bijective) 함수 또는 X와 Y사이의 일대일 대응(one-to-one correspondence)이라고도 한다.

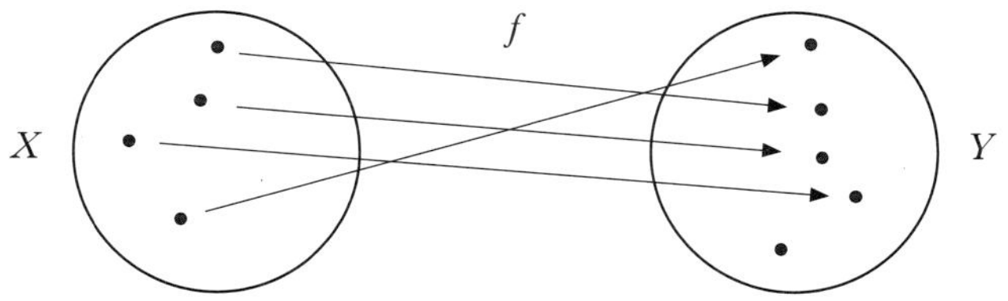

$f:X \rightarrow Y$는 단사함수

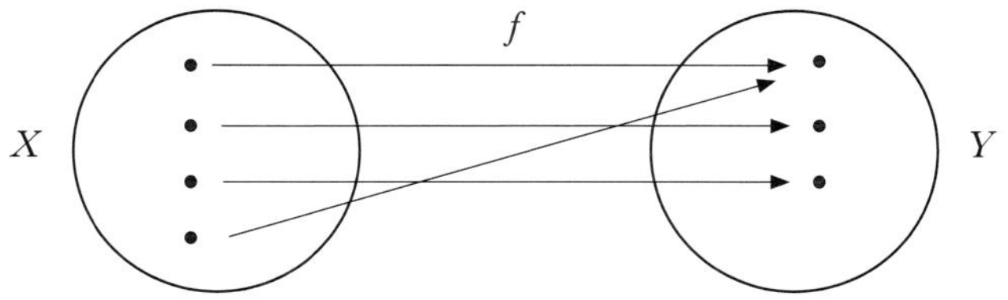

$f:X \rightarrow Y$는 전사함수

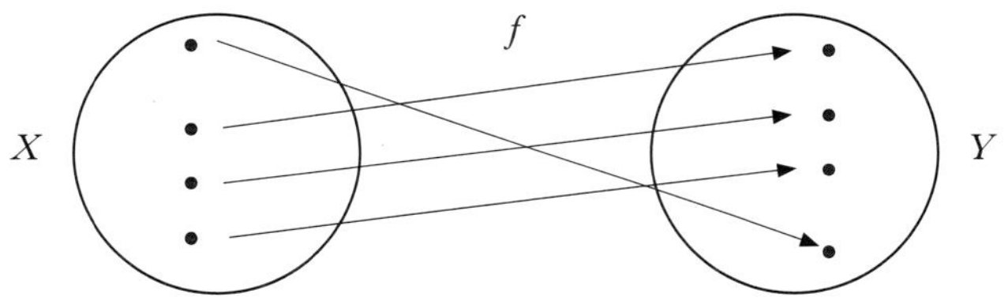

$f:X \rightarrow Y$는 전단사함수

【정리 4.13】

함수 $f:X \rightarrow Y$와 임의의 부분집합 $A \subset X, B \subset Y$에 대하여 다음이 성립한다.

1. $A \subset f^{-1}(f(A))$
2. $f(f^{-1}(B)) \subset B$

증명 1. 임의의 $x \in A$에 대하여 $f(x) \in f(A)$이므로 $x \in f^{-1}(f(A))$이다. 따라서 $A \subset f^{-1}(f(A))$이 성립한다.

2. 임의의 $y \in f(f^{-1}(B))$에 대하여 적당한 원소 $x \in f^{-1}(B)$가 존재하여 $y = f(x)$를 만족한다. 그런데 $f(x) \in B$이므로 $y \in B$이다. 그러므로 $f(f^{-1}(B)) \subset B$이다. ■

[보기 8] $C_b(x)=b$로 정의되는 상수함수 $C_b : X \to X$와 $A, B \subsetneq X$에 대하여 $b \in B$이면 $A \subset f^{-1}(f(A))=X$이고 $\{b\}=f(f^{-1}(B)) \subset B$이 성립함을 쉽게 알 수 있다.

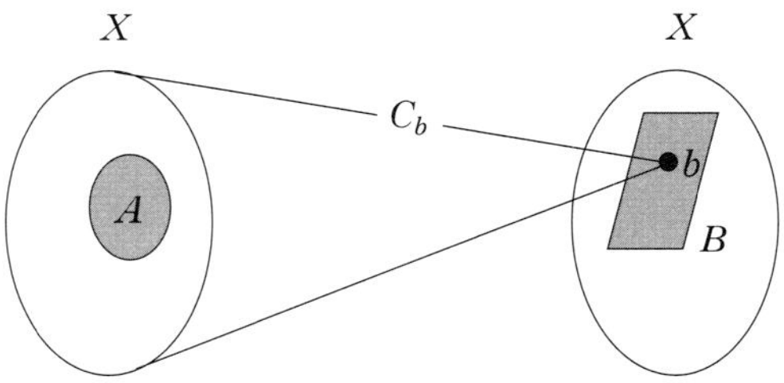

함수 $f : X \to Y$는 특별한 성질을 만족하는 X에서 Y로의 관계이므로 그 역관계 f^{-1}가 어떤 조건 아래에서 함수가 되는가를 살펴보자.

【정리 4.14】

함수 $f : X \to Y$가 전단사이면 함수 $f^{-1} : Y \to X$도 전단사이다.

증명 $f^{-1} \subset Y \times X$이고, f는 전사이므로 $Dom(f^{-1})=Im(f)=Y$이다. $(y, x_1) \in f^{-1}$, $(y, x_2) \in f^{-1}$이라고 하면 $(x_1, y) \in f$, $(x_2, y) \in f$이고, f가 단사이므로 $x_1 = x_2$이다. 따라서 관계 f^{-1}은 Y에서 X로의 함수이다. 임의의 $y_1, y_2 \in Y$에 대하여 $f^{-1}(y_1)=f^{-1}(y_2)=x$이면 $y_1=f(x)=y_2$이 되어 f^{-1}는 단사이다. 또한 $Im(f^{-1})=Dom(f)=X$이므로 f^{-1}는 전사이다. 그러므로 함수 $f^{-1} : Y \to X$은 전단사이다. ■

전단사함수 $f : X \to Y$에 대하여 함수 $f^{-1} : Y \to X$를 f의 역함수라고 한다.

[정의 4.13]

두 함수 $f : X \to Y$, $g : Y \to Z$가 주어졌을 때 임의의 $x \in X$에 대하여

$$(g \circ f)(x) = g(f(x))$$

로 정의된 함수 $g \circ f : X \to Z$를 f와 g의 합성함수라고 한다. 즉,

$$g \circ f = \{(x, z) \in X \times Z \mid \exists\, y \in Y,\ (x, y) \in f \wedge (y, z) \in g\}$$

이다.

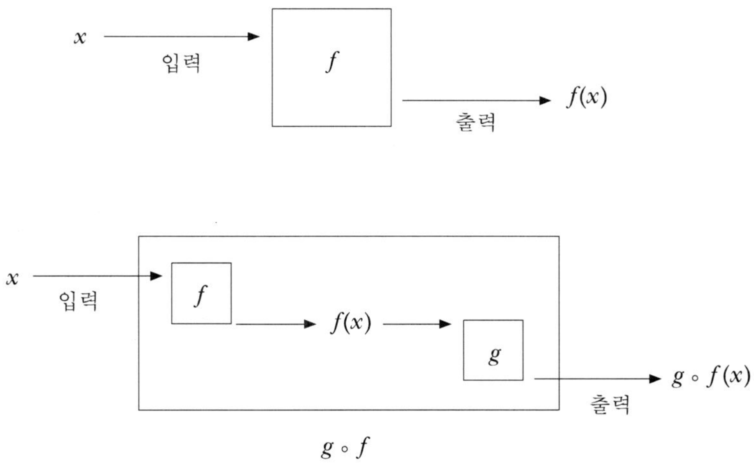

합성함수에 대하여 교환법칙은 성립하지 않으나 결합법칙은 성립함을 [정리 4.3]에 의하여 쉽게 알 수 있다.

【 정리 4.15 】

함수 $f : X \to Y$에 대하여 다음이 성립한다.

1. $g \circ f = 1_X$인 $g : Y \to X$가 존재한다면 f는 단사함수이다.
2. $f \circ g = 1_Y$인 $g : Y \to X$가 존재한다면 f는 전사함수이다.

증명 1. 임의의 $x_1, x_2 \in X$에 대하여 $f(x_1) = f(x_2)$이면 다음이 성립하므로 f는 단사이다.

$$x_1 = 1_X(x_1) = g \circ f(x_1) = g(f(x_1)) = g(f(x_2)) = g \circ f(x_2) = 1_X(x_2) = x_2$$

2. 임의의 $y \in Y$에 대하여 $g(y) = x \in X$가 존재하여

$$f(x) = f(g(y)) = f \circ g(y) = 1_Y(y) = y$$

를 만족하므로 f는 전사이다. ■

두 집합 A와 B의 데카르트 곱 $A \times B$는

$$A \times B = \{(a, b) \mid a \in A \wedge b \in B\}$$

로 정의하였다.

임의의 순서쌍 $(a, b) \in A$는 $x(1) = a$, $x(2) = b$인 함수 $x : \{1, 2\} \to A \cup B$로 생각할 수도 있다. 이 경우 $x(i)$를 x_i로 나타내고, x의 i번째 좌표라고 부른다. 따라서 데카르트 곱 $A \times B$는 집합 $\{1, 2\}$에서 정의되고, $x_1 \in A$, $x_2 \in B$인 함수 x들의 집합이라고 말할 수 있다. 이제 이와 같은 생각을 임의 개수의 집합들의 데카르트 곱으로 확장해보자.

[정의 4.14]

임의의 집합들의 모임 $\{A_\alpha \mid \alpha \in \Lambda\}$ 의 데카르트 곱을 $\prod_{\alpha \in \Lambda} A_\alpha$ 으로 나타내며,

$$\prod_{\alpha \in \Lambda} A_\alpha = \{(a_\alpha)_{\alpha \in \Lambda} \mid \forall \alpha \in \Lambda,\ a_\alpha \in A_\alpha\}$$

로 정의한다.

이 경우 임의의 원소 $x = (a_\alpha)_{\alpha \in \Lambda} \in \prod_{\alpha \in \Lambda} A_\alpha$ 은 모든 $\alpha \in \Lambda$에 대하여

$$x(\alpha) = x_\alpha = a_\alpha \in A_\alpha$$

인 함수 $x : \Lambda \to \bigcup_{\alpha \in \Lambda} A_\alpha$ 로 나타낼 수 있다.

만일 모든 $\alpha \in \Lambda$에 대하여 $A_\alpha = A$ 이면 $\prod_{\alpha \in \Lambda} A_\alpha$ 대신에 A^Λ 를 쓰기도 한다. $\Lambda = \{1, 2, \cdots, n\}$ 일 경우에는 A^Λ 대신에 A^n을 쓰는 것이 보통이다.

[보기 9] $I = [0, 1]$ 이고 모든 $i \in I$에 대하여 $A_i = \mathbb{R}$ 이라 하면 $\mathbb{R}^I$는 모든 $i \in I$에 대하여 $x_i \in \mathbb{R}$ 인 함수 x들의 집합이 된다. 즉, $\mathbb{R}^I$는 I에서 정의된 모든 실함수들의 집합이다.

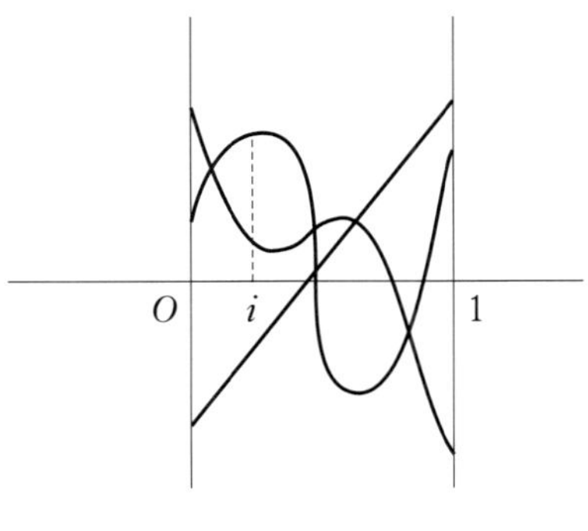

[보기 10] 임의의 $\alpha \in \Lambda$에 대하여 $p_\alpha(x) = x_\alpha$로 정의된 함수 $p_\alpha : \prod_{\alpha \in \Lambda} A_\alpha \to A_\alpha$를 α-사영(projection)이라 한다.

[보기 11] $A_1 = \{a, b, c\}$, $A_2 = \{u, v\}$이고 $p_1 : A_1 \times A_2 \to A_1$, $p_2 : A_1 \times A_2 \to A_2$를 사영이라 할 때 $p_1^{-1}(A_1)$, $p_1^{-1}(\{b, c\})$, $p_2^{-1}(\{u\})$을 구하여라.

풀이

$$A_1 \times A_2 = \{(a, u), (a, v), (b, u), (b, v), (c, u), (c, v)\}$$

이므로

$$p_1^{-1}(A_1) = A_1 \times A_2 = p_2^{-1}(A_2),$$
$$p_1^{-1}(\{b, c\}) = \{(b, u), (b, v), (c, u), (c, v)\},$$
$$p_2^{-1}(\{u\}) = \{(a, u), (b, u), (c, u)\}$$

이다. □

연습문제 4.3

1. 다음은 $\mathbb{R}$에서 $\mathbb{R}$으로의 함수들이다. 각 함수의 치역을 구하여라.

   (1) $f(x) = 2x^2 + 5$ (2) $g(x) = \cos x$ (3) $h(x) = x^3 - 1$

2. $X = \{x, y, z\}$, $Y = \{1, 2, 3\}$에 대하여 다음 중 X에서 Y로의 함수를 구하고, 함수가 되지 않는 경우에는 그 이유를 말하여라.

   (1) $f = \{(x, 1), (y, 1), (z, 3)\}$

   (2) $g = \{(x, 1), (y, 3), (x, 2)\}$

   (3) $h = \{(x, 2), (y, 3)\}$

3. $\mathbb{R} = \{1, 2, 3, 4, 5, 6\}$, $S = \{1, 2, 3, 4\}$에 대하여 다음 $\mathbb{R} \times S$의 좌표도면 위

에 있는 점들의 집합 g는 $\mathbb{R}$에서 S로의 함수이다. 다음을 구하여라.

(1) $g(2)$, $g(4)$

(2) $g^{-1}(2)$, $g^{-1}(4)$

(3) $\{x \in \mathbb{R} \mid g(x) < 3\}$

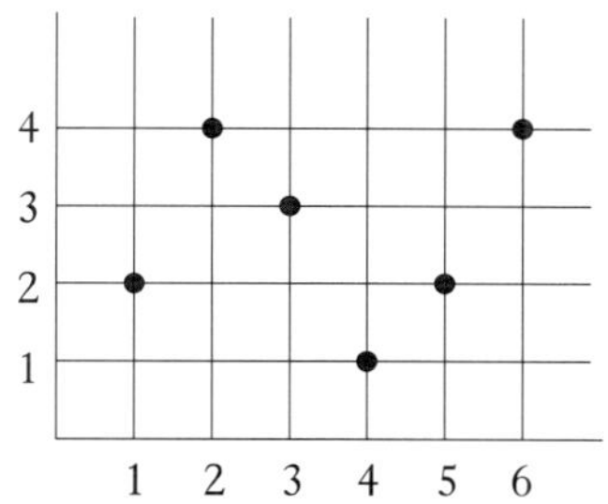

4. $X = \{x, y, z\}$, $Y = \{1, 2\}$에 대하여 X에서 Y로의 함수는 모두 몇 개인가? 일반적으로 집합 X, Y의 원소가 각각 m, n개이면 X에서 Y로의 함수는 모두 몇 개 인가? 또 상수함수는 몇 개인가?

5. 함수 $f: X \to X$가 X에서의 반사적 관계이면 f는 항등함수임을 증명하여라.

6. $X = [0, 1]$일 때 X에서의 대칭적 관계인 함수 $f: X \to X$를 구하여라.

7. 두 함수 $f: X \to Y$와 $g: X \to Y$에 대하여 $f \subset g$이면 $f = g$임을 증명하여라.

8. 함수 $f: X \to Y$와 임의의 부분집합 $A, B \subset X$에 대하여 다음이 성립함을 보여라.

$$f(A) - f(B) \subsetneq f(A - B)$$

9. 집합 X, Y의 데카르트 곱 $X \times Y$의 임의의 원소 (x, y)에 대하여

$$p_X(x, y) = x,\ p_Y(x, y) = y$$

로 정의된 함수 $p_X: X \times Y \to X$와 $p_Y: X \times Y \to Y$를 각각 X-사영(projection)과 Y-사영이라고 한다. p_X와 p_Y가 모두 전사임을 증명하여라. 또 p_X가 단

사함수이기 위한 충분조건을 구하여라.

10. 원소가 m개인 유한집합 X에 대하여 X에서 X로의 전단사함수는 모두 몇 개 있는가?

11. 함수 $f: X \to Y$와 임의의 부분집합 $B \subset Y$에 대하여 다음이 성립함을 보여라.

(1) $f(f^{-1}(B)) = f(X) \cap B$

(2) $f^{-1}(Y-B) = X - f^{-1}(B)$

12. 함수 $f: X \to Y$와 임의의 부분집합 $A \subset X$, $B \subset Y$에 대하여 다음이 성립함을 보여라.

(1) f가 단사이면 $f^{-1}(f(A)) = A$이다.

(2) f가 전사이면 $f(f^{-1}(B)) = B$이다.

13. $f: X \to Y$와 $g: Y \to Z$가 전단사함수이면 다음이 성립함을 증명하여라.

$$(g \circ f)^{-1} = f^{-1} \circ g^{-1}$$

14. 함수 $f: X \to Y$에 대하여 $g \circ f = 1_X$, $f \circ h = 1_Y$을 만족하는 함수 $g: Y \to X$와 함수 $h: Y \to X$이 존재한다면 f는 전단사함수이고 $g = h = f^{-1}$임을 증명하여라.

협동학습문제 해답

1. 집합 $X \neq \varnothing$ 에서의 동치관계 $\mathcal{E}$ 에 대하여 다음을 증명하여라.

$$X/(X/\mathcal{E}) = \mathcal{E}$$

풀이 **⟦ $\mathcal{E}$ 을 집합 $X \neq \varnothing$ 에서의 동치관계라고 할 때**

$$x/\mathcal{E} = \{y \in X \mid y\mathcal{E}x\}$$
$$X/\mathcal{E} = \{x/\mathcal{E} \mid x \in X\}$$

이고, $\mathfrak{I}$ 을 집합 $X \neq \varnothing$ 의 분할이라 할 때 $X/\mathfrak{I}$ 는

$$x(X/\mathfrak{I})y \Leftrightarrow \exists A \in \mathfrak{I}(x,\ y \in A)$$

로 정의된 X 에서의 관계임을 이해하여야 한다. ⟧

$$\begin{aligned}
(x,\ y) \in X/(X/\mathcal{E}) &\Leftrightarrow \exists\, A \in X/\mathcal{E},\ (x,\ y) \in A \times A \\
&\Leftrightarrow \exists a \in X,\ (x,\ y) \in (a/\mathcal{E}) \times (a/\mathcal{E}) \\
&\Leftrightarrow x \in a/\mathcal{E} \wedge y \in a/\mathcal{E} \\
&\Leftrightarrow (x,\ a) \in \mathcal{E} \wedge (y,\ a) \in \mathcal{E} \\
&\Leftrightarrow (a,\ x) \in \mathcal{E} \wedge (a,\ y) \in \mathcal{E} \\
&\Leftrightarrow \exists a \in x/\mathcal{E} \cap y/\mathcal{E} \neq \varnothing \ \Leftrightarrow (x,\ y) \in \mathcal{E}
\end{aligned}$$

집합 $X \neq \varnothing$ 에서의 동치관계 $\mathcal{E}$ 이 주어지면 [정리 4.4]에 의하여 X의 분할 $X/\mathcal{E}$ 을 만들 수 있고, 이 분할에 의하여 X에서의 동치관계 $X/(X/\mathcal{E})$ 을 생각할 수 있음을 [정리 4.5]에서 이미 증명한 바가 있다. 이 동치관계가 처음 주어진 동치관계 $\mathcal{E}$ 이 되는 것을 유의하여야 한다. □

2. 단사함수 $f : X \to Y$ 와 X 의 부분집합들의 모임 $\{A_\gamma \mid \gamma \in \Gamma\}$ 에 대하여

$$f\Big(\bigcap_{\gamma \in \Gamma} A_\gamma\Big) = \bigcap_{\gamma \in \Gamma} f(A_\gamma)$$

이 성립함을 보여라.

풀이 **⟦ $f : X \to Y$ 가 단사함수이라는 것은**

$$f(x_1) = f(x_2) \Rightarrow x_1 = x_2$$

이 성립하는 것을 의미한다.]

[정리 4.10]에 의하여 $f(\bigcap_{\gamma \in \Gamma} A_\gamma) \subset \bigcap_{\gamma \in \Gamma} f(A_\gamma)$이 성립함을 알 수 있다. 이제 그 역이 성립함을 보인다.

$$y \in \bigcap_{\gamma \in \Gamma} f(A_\gamma) \Leftrightarrow \forall \gamma \in \Gamma, [\exists x_\gamma \in A_\gamma, y = f(x_\gamma)]$$

이고, 함수 $f : X \to Y$는 단사이므로 임의의 $\gamma \in \Gamma$에 대하여 $x_\gamma \in A_\gamma$는 모두 같다. 그것을 x_0라고 하면 다음을 얻는다.

$$\begin{aligned} y \in \bigcap_{\gamma \in \Gamma} f(A_\gamma) &\Leftrightarrow \forall \gamma \in \Gamma, [\exists x_0 \in A_\gamma, y = f(x_0)] \\ &\Leftrightarrow \exists x_0 \in \bigcap_{\gamma \in \Gamma} A_\gamma, y = f(x_0) \\ &\Leftrightarrow y \in f(\bigcap_{\gamma \in \Gamma} A_\gamma) \end{aligned}$$

□

제 5 장

무한집합의 구분

〈 학습목표 〉

무한집합에 관한 데데킨트의 정의를 이용하여 무한집합과 유한집합의 성질을 학습한다. 무한집합에는 번호 붙일 수 있는 집합과 번호 붙일 수 없는 집합이 존재하는 것을 증명하여 무한집합도 유한집합처럼 구분할 수 있음을 소개한다.

• 토론과제 •

1. 유한집합은 원소의 개수로 그 크기를 비교할 수 있다. 원소의 개수라는 개념을 무한집합에까지 확장할 수는 없을까?
2. 「전체는 어느 부분보다도 크다」라는 주장은 항상 사실일까? 부분이 전체와 크기가 같을 수는 없을까?
3. 유한이 아닌 것은 모두 무한이다. 이 무한의 개념은 구분할 수 없는 것일까? 번호 붙일 수 있는 집합과 번호 붙일 수 없는 집합으로 나누어 무한집합을 구분하는 방법을 찾아보아라.

협동학습문제

1. X가 무한집합이고, $x_0 \in X$일 때 $X-\{x_0\}$ 도 무한집합임을 증명하여라.

☞ **단사함수 $f : X \to X$가 존재하여 $f(X) \neq X$이면 X가 무한집합이라는 무한집합의 정의를 잘 이해하고, 특별한 점 $x_0 \in X$가 f의 상 $f(X)$에 속하는 경우와 속하지 않는 경우로 나누어 증명한다. 함수가 정의되기 위한 조건을 유의하여 증명하여야 한다.**

2. 다음 구간들은 모두 대등함을 보여라.

(1) $[0, 1]$ (2) $[0, 1)$ (3) $(0, 1]$ (4) $(0, 1)$

☞ **형태가 다른 두 구간 사이에 1:1 대응이 존재한다는 것을 증명할 경우에는 반드시 번호 붙일 수 있는 부분과 번호 붙일 수 없는 부분을 나누어 증명하여야 한다.**

3. 정수 계수 다항방정식들의 해집합은 번호 붙일 수 있는 집합임을 증명하여라.

☞ **먼저, 정수 계수 다항식들의 집합이 번호 붙일 수 있는 집합임을 보이고 이것을 이용하여 정수 계수 다항방정식들의 해집합을 구한다.**

5.1 무한집합과 유한집합

두 유한집합에서 "원소의 수가 같다"라고 하는 것은 두 집합 사이에 일대일 대응이 존재할 때이다. 두 무한집합 사이에도 일대일 대응이 존재할 때 두 무한 집합은 "원소의 수가 같다"라고 할 수 있을 것이다. 그러나 무한집합에서 "원소의 수가 같다."라고 말하는 것은 적절한 표현이라고 볼 수는 없다. 오히려 "두 집합의 크기(size)가 같다."라고 하는 것이 자연스럽다. 이것을 "대등"이란 용어를 사용하여 다음과 같이 정의한다.

[정의 5.1]

두 집합 X, Y에 대하여 일대일 대응 $f : X \to Y$가 존재하면 집합 X와 Y는 대등(equipotent)하다고 말하고 이것을 $X \sim Y$로 나타낸다.

자연수의 집합 $\mathbb{N}$을 살펴보면, 짝수의 집합 $\mathbb{N}_e = \{2, 4, 6, \cdots\}$와 $\mathbb{N}$ 사이에는 일대일 대응이 존재한다. 「부분이 전체와 크기가 같을 수도 있다」라는 것이다. 유클리드의 공리 「전체는 어느 부분보다도 크다」와는 현격한 차이가 있음을 알 수 있다. 이 성질을 무한집합의 특징으로 보고 리챠드 데데킨드(Richard Dedekind)는 다음과 같은 정의를 하였다.

[정의 5.2] 데데킨드(Dedekind)

집합 X가 무한집합(infinite set)이라 하는 것은 X와 대등한 X의 진부분집합이 존재하는 것이다. 즉, $f(X) \neq X$인 단사함수 $f : X \to X$가 존재한다는 것을 의미한다. 무한집합이 아닌 집합을 유한집합(finite set)이라 한다.

[보기 1] 자연수의 집합 $\mathbb{N}$ 은 무한집합이다. 그러나 공집합 $\varnothing$ 과 한원소집합은 유한집합이다.

【정리 5.1】

다음 성질이 성립한다.

1. 임의의 무한집합의 포함집합은 무한집합이다.
2. 임의의 유한집합의 부분집합은 유한집합이다.

증명 1. X를 무한집합이라 하고 $X \subset Y$이라고 하자. 그러면 단사함수 $f : X \to X$가 존재하여 $f(X) \neq X$이다. 이제 $g : Y \to Y$를

$$g(y) = \begin{cases} f(y), & y \in X \\ y, & y \in Y - X \end{cases}$$

와 같이 정의하면 함수 g는 단사이고 $g(Y) \neq Y$이다. 그러므로 Y는 무한집합이다.

2. X를 유한집합이라 하고 $A \subset X$이라고 하자. 만약 A가 무한집합이라 하면 위 성질에 의하여 X는 무한집합이 되어 가정에 모순이다. 따라서 A는 유한집합이다. ■

【정리 5.2】

$g : X \to Y$가 일대일 대응일 때 X가 무한집합이면 Y도 무한집합이다.

증명 X가 무한집합이므로 단사함수 $f : X \to X$가 존재하여 $f(X) \neq X$이다. g가 일대일 대응이므로 $g^{-1} : Y \to X$도 일대일 대응이다. 따라서 합성함수

$$h = g \circ f \circ g^{-1} : Y \to Y$$

는 단사이다. 그런데

$$h(Y) = g \circ f \circ g^{-1}(Y) = g \circ f(g^{-1}(Y)) = g \circ f(X) = g(f(X)) \neq g(x) = Y$$

이므로 Y는 무한집합이다.

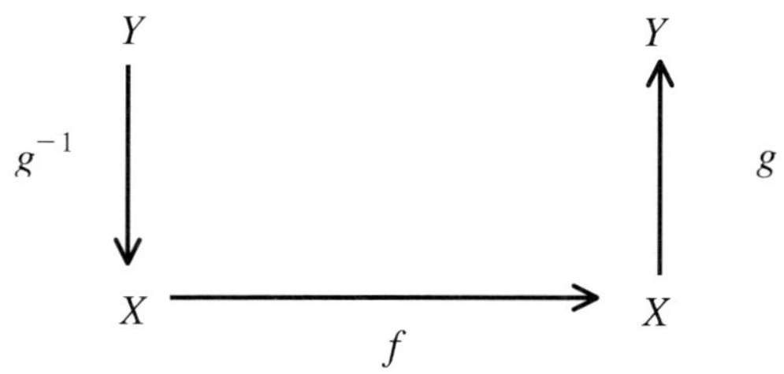

■

【 정리 5.3 】

$g : X \to Y$가 일대일 대응일 때 X가 유한집합이면 Y도 유한집합이다.

증명 결론을 부정하여 Y가 무한집합이라고 가정하자. g가 일대일 대응이므로 g^{-1} : $Y \to X$도 일대일 대응이 되고, [정리 5.2]에 의하여 X도 무한집합이 되어 가정에 모순이다. 따라서 Y는 유한집합이다. ■

다음 정리는 무한집합 X의 부분집합 Y가 유한집합이면 $X-Y$는 무한집합임을 보이는데 유용한 성질이다. 증명은 협동학습문제로 남겨둔다.

【 정리 5.4 】

X가 무한집합이고, $x_0 \in X$일 때 $X-\{x_0\}$도 무한집합이다.

[보기 2] 임의의 $k \in \mathbb{N}$에 대하여 $\mathbb{N}_k = \{1, 2, 3, \cdots, k\}$는 유한집합이다.

풀이 $k=1$일 때, [보기 1]에 의하여 위의 주장은 참이다.
임의의 자연수 k에 대하여 $\mathbb{N}_k$가 유한집합이라 가정한다. 만일 $\mathbb{N}_{k+1}$이 무한집합이면 [정리 5.4]에 의하여 $\mathbb{N}_{k+1}-\{k+1\}=\mathbb{N}_k$은 무한집합이다. 이것은 $\mathbb{N}_k$가 유한집합이라는 가정에 모순이다. 따라서 수학적 귀납법에 의하여 임의의 $k\in\mathbb{N}$에 대하여 $\mathbb{N}_k$는 유한집합이다. □

【 정리 5.5 】

집합 X가 유한집합이기 위한 필요충분조건은 $X=\varnothing$ 또는 어떤 $k\in\mathbb{N}$에 대하여 $X\sim\mathbb{N}_k$인 것이다.

증명 ($\Rightarrow$) 명제에 관한 대우법칙을 이용하여 증명한다. 즉, 임의의 자연수 k에 대하여 공집합이 아닌 집합 X와 $\mathbb{N}_k$ 사이에 일대일 대응이 존재하지 않으면 X는 무한집합인 것을 보이고자 한다. $X\neq\varnothing$이므로 $x_1\in X$을 선택할 수 있다. 그러면 $X-\{x_1\}\neq\varnothing$이다. 왜냐하면 $X-\{x_1\}=\varnothing$이면 $X\sim\mathbb{N}_1$이기 때문이다. 그러므로 $x_2\in X-\{x_1\}$을 선택할 수 있다. 같은 방법으로 X의 원소 $x_1, x_2, x_3, \cdots, x_k$를 선택하였다고 가정하면 모든 $k\in\mathbb{N}$에 대하여 $X\sim\mathbb{N}_k$이 성립하지 않기 때문에 $x_{k+1}\in X-\{x_1, x_2, x_3, \cdots, x_k\}$을 선택할 수 있다. 따라서 수학적 귀납법에 의하여 임의의 자연수 k에 대하여 위와 같이 선택한 x_k들로 이루어진 집합을 Y라고 하면 임의의 $k\in\mathbb{N}$에 대하여 $f(x_k)=x_{k+1}$으로 정의한 함수 $f: Y\to Y-\{x_1\}$는 일대일 대응이 된다. 따라서 Y는 그 진부분집합 $Y-\{x_1\}$과 일대일 대응이므로 Y는 무한집합이 되고 $Y\subset X$이므로 X도 무한집합이다.

($\Leftarrow$) [보기 1], [보기 2]와 [정리 5.3]에 의하여 분명하다. ■

[정리 5.5]의 결과를 이용하여 유한집합을 정의하고, 무한집합은 유한집합이 아닌 것으로 정의할 수도 있다.

기호 $f: X\sim Y$는 "$f: X\to Y$가 일대일 대응이므로 $X\sim Y$"임을 나타내는 것으로 약속한다.

【 정리 5.6 】

집합들의 모임 $\mathfrak{C}$ 에서의 관계 $\mathfrak{R}$을 다음과 같이 정의하면 $\mathfrak{R}$은 $\mathfrak{C}$ 에서의 동치관계이다.

$$\text{임의의 } X, Y \in \mathfrak{C} \text{ 에 대하여 } X\mathfrak{R}Y \Leftrightarrow X \sim Y$$

증명 임의의 $X \in \mathfrak{C}$ 에 대하여 $1_X : X \sim X$ 이다. 만약 $f : X \sim Y$ 이면 $f^{-1} : Y \sim X$ 이다. 또한 $f : X \sim Y$, $g : Y \sim Z$ 이면 $g \circ f : X \sim Z$ 이다. 그러므로 $\mathfrak{R}$은 $\mathfrak{C}$ 에서의 동치관계이다. ■

〈참고〉 엄밀하게 말해서 "$\sim$"는 모든 집합들의 모임 $\mathfrak{C}$ 에서의 관계는 아니다. [정리 3.10]에 의하여 모든 집합들로 이루어진 집합은 존재하지 않기 때문이다. 그러나 여기서는 임의로 주어진 집합 $\mathfrak{C}$ 위의 대등관계라는 뜻에서 "$\sim$"을 하나의 관계로 본다.

집합들의 모임 $\mathfrak{C}$ 에서의 관계 "$\sim$"은 동치관계이므로 $\mathfrak{C}/\sim$ 은 $\mathfrak{C}$ 의 하나의 분할이다. 분할 $\mathfrak{C}/\sim$ 의 원소인 동치류를 제 6 장에서 취급하는 기수의 개념으로 보고 이론을 전개하기도 한다.

[보기 3] 다음이 성립함을 보여라.

(1) $(0, 1) \sim (-1, 1)$ (2) $(-1, 1) \sim \mathbb{R}$ (3) $(0, 1) \sim \mathbb{R}$

풀이 (1) $f(x) = 2x - 1$ 로 주어진 함수 $f : (0, 1) \to (-1, 1)$ 는 일대일 대응이다.

(2) $g(x) = \tan\left(\frac{\pi}{2}x\right)$ 로 주어진 함수 $g : (-1, 1) \to \mathbb{R}$ 는 일대일 대응이다.

(3) 대등관계 '$\sim$'은 추이적이므로 (1), (2)에 의하여 $(0, 1) \sim \mathbb{R}$ 을 얻는다. □

【 정리 5.7 】

집합 X, Y, Z와 W에 대하여 $X \cap Z = \varnothing = Y \cap W$이고 $X \sim Y, Z \sim W$이면 $X \cup Z \sim Y \cup W$이다.

증명 $f : X \sim Y$, $g : Z \sim W$인 함수 f, g가 존재하고, $X \cap Z = \varnothing = Y \cap W$이므로 [정리 4.8]에 의하여

$$f \cup g : (X \cup Z) \sim (Y \cup W)$$

을 얻는다. ■

【 정리 5.8 】

집합 X, Y, Z와 W에 대하여 $X \sim Y, Z \sim W$이면 $X \times Z \sim Y \times W$이다.

증명 $f : X \sim Y$, $g : Z \sim W$인 함수 f, g가 존재하므로 함수 $f \times g : X \times Z \to Y \times W$을 임의의 $(x, z) \in X \times Z$에 대하여 $(f \times g)(x, z) = (f(x), g(z))$로 정의하면 이 함수는 일대일 대응이다. 따라서 $X \times Z \sim Y \times W$이다. ■

연습문제 5.1

1. A가 무한집합이면 $A \times A$도 무한집합임을 증명하여라.

2. 무한집합 X의 부분집합 Y가 유한집합이면 $X - Y$는 무한집합임을 증명하여라.

3. 두 집합 X, Y에 대하여 $X \times Y \sim Y \times X$임을 증명하여라.

4. 두 집합 X, Y에 대하여 $(X-Y)\sim(Y-X)$이면 $X\sim Y$임을 증명하여라.

5. 세 집합 X, Y, Z에 대하여 $(X\times Y)\times Z\sim X\times(Y\times Z)$임을 증명하여라.

6. 모든 짝수인 자연수의 집합 $\mathbb{N}_e$와 모든 홀수인 자연수의 집합 $\mathbb{N}_o$에 대하여 $\mathbb{N}_e\sim\mathbb{N}_o$임을 증명하여라.

7. $\{X_\alpha \mid \alpha\in\Lambda\}$, $\{Y_\alpha \mid \alpha\in\Lambda\}$가 각각 서로 소인 집합들의 모임일 때 모든 $\alpha\in\Lambda$에 대하여 $X_\alpha\sim Y_\alpha$이면 $\bigcup_{\alpha\in\Lambda} X_\alpha \sim \bigcup_{\alpha\in\Lambda} Y_\alpha$임을 증명하여라.

5.2 번호 붙일 수 있는 집합과 그 성질

[정의 5.3]

집합 X에 대하여 X가 자연수의 집합 $\mathbb{N}$과 대등하면, 즉 $X\sim\mathbb{N}$일 때 X를 번호 붙일 수 있는 집합(denumerable set)이라고 한다. 유한집합이나 번호 붙일 수 있는 집합을 셀 수 있는 집합 또는 가산집합(可算集合, countable set)이라 한다.

X가 번호 붙일 수 있는 집합일 때 $X=\{x_1, x_2, x_3, \cdots\}$으로 나타낼 수 있다. 왜냐하면 X가 번호 붙일 수 있는 집합이면 일대일 대응 $f:\mathbb{N}\rightarrow X$가 존재하여 $f(1)=x_1$, $f(2)=x_2$, $f(3)=x_3$, $\cdots$ 이라고 할 수 있기 때문이다.

자신과 대등한 진부분집합이 존재하는 집합을 무한집합이라고 정의하였다. 다음은 무한집합의 특징을 나타낸 정리이다.

【 정리 5.9 】

모든 무한집합은 번호 붙일 수 있는 부분집합을 포함한다.

증명 주어진 무한집합 X에서 하나의 원소 x_1을 택하면 [정리 5.4]에 의하여 $X-\{x_1\}$도 무한집합이므로 x_1과는 다른 원소 $x_2 \in X-\{x_1\}$를 택할 수 있다. 마찬가지로 $x_1, x_2, \cdots, x_{k-1}$을 택하면 $X-\{x_1, x_2, \cdots, x_{k-1}\}$도 무한집합이므로 $x_k \in X-\{x_1, x_2, \cdots, x_{k-1}\}$을 택할 수 있다. 따라서 임의의 $k \in \mathbb{N}$에 대하여 x_k가 존재한다. 그러므로 집합 $\{x_1, x_2, x_3, \cdots\}$은 X의 부분집합으로서 번호 붙일 수 있는 집합이다. ■

【 정리 5.10 】

번호 붙일 수 있는 집합의 부분집합으로서 무한집합인 것은 번호 붙일 수 있는 집합이다.

증명 번호 붙일 수 있는 집합 $X=\{x_1, x_2, x_3, \cdots\}$의 무한부분집합을 Y라고 하자. X의 원소로서 $x_{n_1} \in Y$인 가장 작은 첨자를 n_1이라 하고, 다음에 X의 원소로서 $x_{n_2} \in Y-\{x_{n_1}\}$인 가장 작은 첨자를 n_2라 하자. 이와 같이 서로 다른 $x_{n_1}, \cdots, x_{n_{k-1}}$을 택한 후 X의 원소로서

$$x_{n_k} \in Y-\{x_{n_1}, x_{n_2}, \cdots, x_{n_{k-1}}\}$$

인 가장 작은 첨자 n_k을 택할 수 있다. 이것은 [정리 5.4]에 의하여

$$Y-\{x_{n_1}, x_{n_2}, \cdots, x_{n_{k-1}}\}$$

이 무한집합이기 때문이다. 따라서 각 $k \in \mathbb{N}$에 대한 $x_{n_k} \in Y$는 항상 존재한다. 그러므로 임의의 $k \in \mathbb{N}$에 대하여 $f(k)=x_{n_k}$로 정의되는 $f : \mathbb{N} \sim Y$을 얻을 수 있다. 그러므로 Y는 번호 붙일 수 있는 집합이다. ■

[정리 5.9]와 [정리 5.10]은 집합의 크기로 보면 무한집합 중에서 번호 붙일 수 있는 집합이 가장 작은 집합으로 볼 수 있음을 나타내고 있다.

【정리 5.11】

셀 수 있는 집합의 모든 부분집합은 셀 수 있는 집합이다.

증명 셀 수 있는 집합의 정의와 [정리 5.1]과 [정리 5.10]에 의하여 분명하다. ■

【정리 5.12】

두 개의 번호 붙일 수 있는 집합의 합집합은 번호 붙일 수 있는 집합이다.

증명 임의의 두 개의 번호 붙일 수 있는 집합 A, B에 대하여 다음의 경우로 나누어 증명한다.

(1) $A \cap B = \varnothing$ 인 경우

$A \sim \mathbb{N}$, $\mathbb{N} \sim \mathbb{N}_o$ 이므로 $A \sim \mathbb{N}_o$ 이다. 마찬가지로 $B \sim \mathbb{N}_e$ 이 성립한다. 따라서 [정리 5.7]에 의하여 $A \cup B \sim \mathbb{N}_o \cup \mathbb{N}_e = \mathbb{N}$ 이다. 따라서 $A \cup B$은 번호 붙일 수 있는 집합이다.

(2) $A \cap B \neq \varnothing$ 인 경우

$C = B - A$ 라고 하면 $A \cup B = A \cup C$ 이고 $A \cap C = \varnothing$ 이다. 이 때 C는 $C \subset B$ 이므로 번호 붙일 수 있는 집합이거나 유한집합이다. C가 번호 붙일 수 있는 집합이면 $A \cup C$는 (1)에 의하여 번호 붙일 수 있는 집합이다. C가 유한집합이면 〈연습문제 5.2〉의 1번 성질에 의하여 $A \cup C$는 번호 붙일 수 있는 집합이다. 그러므로 $A \cup B$는 번호 붙일 수 있는 집합이다. ■

[보기 1] 모든 정수의 집합 $\mathbb{Z}$는 번호 붙일 수 있는 집합이다. $\mathbb{N} \sim (-\mathbb{N})$ 이고 $\mathbb{Z} = [\mathbb{N} \cup (-\mathbb{N})] \cup \{0\}$ 이기 때문이다.

【정리 5.13】

집합 $\mathbb{N}\times\mathbb{N}$ 은 번호 붙일 수 있는 집합이다.

증명 함수 $f:\mathbb{N}\times\mathbb{N}\rightarrow\mathbb{N}$ 을 임의의 $(j, k)\in\mathbb{N}\times\mathbb{N}$ 에 대하여 $f(j, k)=2^j 3^k$ 으로 정의하면 함수 f 는 단사이다. 그러므로 $\mathbb{N}\times\mathbb{N}\sim f(\mathbb{N}\times\mathbb{N})\subset\mathbb{N}$ 이고 $\mathbb{N}\times\mathbb{N}$ 이 무한집합이므로 $f(\mathbb{N}\times\mathbb{N})$ 도 무한집합이다. 따라서 [정리 5.10]에 의하여 $f(\mathbb{N}\times\mathbb{N})$ 은 번호 붙일 수 있는 집합이고 이 집합과 대등한 $\mathbb{N}\times\mathbb{N}$ 도 번호 붙일 수 있는 집합이다. ■

임의의 $(n, m)\in\mathbb{N}\times\mathbb{N}$ 을 아래 그림과 같이 화살표를 이용하여 중복 없이 차례로 나열하여 $\mathbb{N}\times\mathbb{N}$ 이 번호 붙일 수 있는 집합임을 보이기도 한다.

$$
\begin{array}{ccccccccc}
(1,1) & & (1,2) & \rightarrow & (1,3) & & (1,4) & & \cdots \\
\downarrow & \nearrow & & \swarrow & & \nearrow & & & \\
(2,1) & & (2,2) & & (2,3) & & (2,4) & & \cdots \\
 & \swarrow & & \nearrow & & & & & \\
(3,1) & & (3,2) & & (3,3) & & (3,4) & & \cdots \\
\downarrow & \nearrow & & & & & & & \\
(4,1) & & (4,2) & & (4,3) & & (4,4) & & \cdots \\
\vdots & & \vdots & & \vdots & & \vdots & &
\end{array}
$$

$$
\begin{array}{ccccccccc}
(1,1) & & (1,2) & \rightarrow & (1,3) & & (1,4) & & \cdots \\
\downarrow & & \uparrow & & \downarrow & & & & \\
(2,1) & \rightarrow & (2,2) & & (2,3) & & (2,4) & & \cdots \\
 & & & & \downarrow & & \uparrow & & \\
(3,1) & \leftarrow & (3,2) & \leftarrow & (3,3) & & (3,4) & & \cdots \\
\downarrow & & & & & & \uparrow & & \\
(4,1) & \rightarrow & (4,2) & \rightarrow & (4,3) & \rightarrow & (4,4) & & \cdots \\
\vdots & & \vdots & & \vdots & & \vdots & &
\end{array}
$$

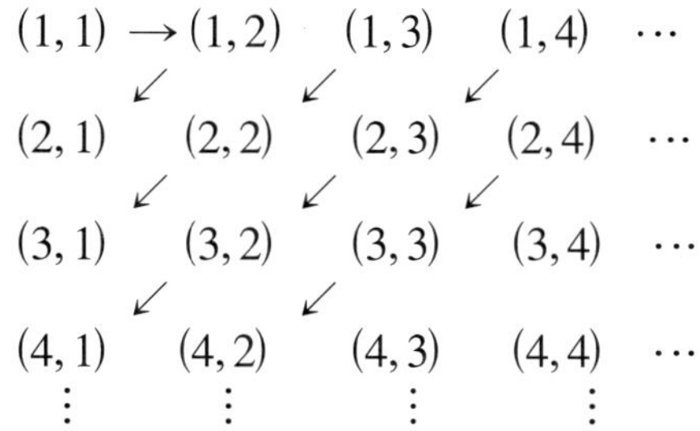

[보기 2] X, Y가 번호 붙일 수 있는 집합이면 $X \times Y$도 번호 붙일 수 있는 집합이다.

풀이 $X \sim N$이고 $Y \sim N$이므로 [정리 5.8]과 [정리 5.13]에 의하여

$$X \times Y \sim N \times N \sim N$$

이다. □

【 정리 5.14 】

임의의 $k \in \mathbb{N}$에 대하여 A_k가 번호 붙일 수 있는 집합이고, $j \neq k$인 임의의 j, k에 대하여 $A_j \cap A_k = \varnothing$이면 $\bigcup_{k \in \mathbb{N}} A_k$는 번호 붙일 수 있는 집합이다.

증명 임의의 $k \in \mathbb{N}$에 대한 함수 $f_k : \mathbb{N} \to \mathbb{N} \times \{k\}$을 임의의 $j \in \mathbb{N}$에 대하여 $f_k(j) = (j, k)$으로 정의하면 $f_k : \mathbb{N} \sim \mathbb{N} \times \{k\}$이다. 또한 임의의 $k \in \mathbb{N}$에 대하여 $A_k \sim \mathbb{N}$이므로 $A_k \sim \mathbb{N} \times \{k\}$이고, $j \neq k$인 임의의 j, k에 대하여 $A_j \cap A_k = \varnothing$, $(\mathbb{N} \times \{j\}) \cap (\mathbb{N} \times \{k\}) = \varnothing$이므로 〈연습문제 5.1〉의 7번 성질에 의하여

$$\bigcup_{k \in \mathbb{N}} A_k \sim \bigcup_{k \in \mathbb{N}} \mathbb{N} \times \{k\} = \mathbb{N} \times \mathbb{N}$$

이다. ■

정리 5.14와 정리 5.10에 의하여 가산개의 번호붙일 수 있는 집합들의 합집합도 번호붙일 수 있는 집합임을 알 수 있다.

[보기 3] 모든 유리수의 집합 $\mathbb{Q}$는 번호 붙일 수 있는 집합이다.

풀이 임의의 유리수는 $p \in \mathbb{Z}$, $q \in \mathbb{N}$ 이고 p와 q의 최대공약수가 1인 $\frac{p}{q}$로 나타낼 수 있다. $\mathbb{Q}_+ = \{p/q \mid p/q > 0\}$, $\mathbb{Q}_- = \{p/q \mid p/q < 0\}$ 이라 하면

$$\mathbb{Q} = \mathbb{Q}_+ \cup \{0\} \cup \mathbb{Q}_-$$

이다. 그런데 $\mathbb{Q}_+ \sim \mathbb{Q}_-$ 이므로 $\mathbb{Q}$가 번호 붙일 수 있는 집합임을 보이려면 $\mathbb{Q}_+$가 번호 붙일 수 있는 집합인 것을 보이면 충분하다. 함수 $f : \mathbb{Q}_+ \to \mathbb{N} \times \mathbb{N}$을 $f(p/q) = (q, p)$로 정의하면 f는 단사함수이다. 따라서 $\mathbb{Q}_+ \sim f(\mathbb{Q}_+) \subset \mathbb{N} \times \mathbb{N}$ 이다. 그리고 $\mathbb{N} \subset \mathbb{Q}_+$ 이므로 $\mathbb{Q}_+$는 무한집합이고 $f(\mathbb{Q}_+)$도 무한집합이다. 번호 붙일 수 있는 집합의 무한부분집합은 번호 붙일 수 있는 집합이므로 $f(\mathbb{Q}_+)$은 번호 붙일 수 있는 집합이고, 이 집합과 대등한 $\mathbb{Q}_+$도 번호 붙일 수 있는 집합이다. □

연습문제 5.2

1. 번호 붙일 수 있는 집합 X와 유한집합 Y에 대하여 $X \cup Y$는 번호 붙일 수 있는 집합임을 증명하여라.

2. 집합 $\mathbb{Z} \times \mathbb{N}$, $\mathbb{Z} \times \mathbb{Z}$, $\mathbb{Q} \times \mathbb{Q}$은 모두 번호 붙일 수 있는 집합임을 증명하여라.

3. 데카르트 평면에서 중심의 좌표와 반지름의 길이가 모두 유리수인 원 전체의 집합은 번호 붙일 수 있는 집합임을 증명하여라.

5.3 번호 붙일 수 없는 집합

지금까지 살펴 본 무한집합은 모두 번호 붙일 수 있는 집합이었으므로 모든 무한집합이 번호 붙일 수 있는 집합인 것으로 속단할 지도 모른다. 그러나 칸토르는 번호 붙일 수 없는 집합(non-denumerable set)이 존재함을 증명함으로써 무한집합을 구분하는 중요한 공헌을 하였다. 번호 붙일 수 없는 집합을 셀 수 없는 집합 또는 비가산집합(非可算集合, uncountable set)이라 부르기도 한다.

【 정리 5.15 】 칸토르의 대각법

실수의 열린 단위구간 $(0, 1)$은 번호 붙일 수 없는 집합이다.

증명 임의의 $x \in (0, 1)$을 $0.x_1x_2x_3\cdots$ 와 같은 소수로 나타내자. 여기서 각 $n \in \mathbb{N}$ 에 대하여 $x_n \in \{0, 1, 2, \cdots, 9\}$ 이다. 이 경우 x를 일의적인 무한소수로 표시하기 위하여 $\dfrac{1}{4}$은 $0.25000\cdots$ 이 아니고 $0.24999\cdots$로 나타내는 것으로 한다.
그러면 임의의 두 수 $x, y \in (0, 1)$에 대하여

$$x = y \Leftrightarrow \text{ 임의의 } n \in \mathbb{N} \text{ 에 대하여 } x_n = y_n$$

이 성립한다.
이제 $(0, 1)$이 번호 붙일 수 있는 집합이라고 가정한다. 그러면 일대일 대응 $f : \mathbb{N} \sim (0, 1)$가 존재하여 $(0, 1)$의 모든 원소는 다음과 같이 나열할 수 있다.

$$\begin{aligned} f(1) &= 0.a_{11}a_{12}a_{13}\cdots \\ f(2) &= 0.a_{21}a_{22}a_{23}\cdots \\ f(3) &= 0.a_{31}a_{32}a_{33}\cdots \\ &\ \vdots \\ f(k) &= 0.a_{k1}a_{k2}a_{k3}\cdots \\ &\ \vdots \end{aligned}$$

$$(a_{kj} \in \{0, 1, 2, \cdots, 9\},\ \forall k, j \in \mathbb{N})$$

그러나 각 $k \in \mathbb{N}$ 에 대하여 $a_{kk} \neq 5$ 이면 $z_k = 5$ 로, $a_{kk} = 5$ 이면 $z_k = 1$ 로 놓은 $z = 0.z_1 z_2 z_3 \cdots$ 는 $z \in (0, 1)$ 인데도 불구하고 위에 나열한 $f(k)$ 중에 있는 수는 아니다. 즉, $z \notin f(\mathbb{N}) = (0, 1)$ 이다. 이것은 모순이므로 $(0, 1)$ 은 번호 붙일 수 없는 집합이다. ■

[보기 1] 모든 실수의 집합 $\mathbb{R}$ 은 번호 붙일 수 없는 집합이다.

풀이 만약 $\mathbb{R}$ 이 번호 붙일 수 있는 집합이라면 $\mathbb{R} \sim \mathbb{N}$ 이 되고 5.1절의 [보기 3]에 의하여 $(0, 1) \sim \mathbb{R}$ 이므로 $(0, 1) \sim \mathbb{N}$ 이 되어 $(0, 1)$ 도 번호 붙일 수 있는 집합이 된다. 이것은 [정리 5.15]에 모순이다. □

[보기 2] 무리수의 집합은 번호 붙일 수 없는 집합이다.

풀이 무리수의 집합 $\mathbb{R} - \mathbb{Q}$ 이 번호 붙일 수 있는 집합이라면

$$\mathbb{R} = \mathbb{Q} \cup (\mathbb{R} - \mathbb{Q})$$

이고 $\mathbb{Q}$ 는 번호 붙일 수 있는 집합이므로 $\mathbb{R}$ 도 번호 붙일 수 있는 집합이다. 이것은 모순이므로 무리수의 집합 $\mathbb{R} - \mathbb{Q}$ 는 번호 붙일 수 없는 집합이다. □

연습문제 5.3

1. 0과 1 사이에 있는 모든 무리수의 집합은 번호 붙일 수 없는 집합임을 증명하여라.

2. 집합 X, Y 에 대하여 $X \sim Y$ 일 때 X 가 셀 수 없는 집합이면 Y 도 셀 수 없는 집합임을 증명하여라.

협동학습문제 해답

1. X가 무한집합이고, $x_0 \in X$일 때 $X-\{x_0\}$도 무한집합임을 증명하여라.

풀이 **【① X가 무한집합이라는 전제에 따라 $f(X) \neq X$인 단사함수 $f : X \to X$를 택한다.**

② 주어진 점 $x_0 \in X$가 f의 상 $f(X)$에 속하는 경우와 속하지 않는 경우로 나누어 $g(X-\{x_0\}) \neq X-\{x_0\}$이고 단사인 함수 $g : X-\{x_0\} \to X-\{x_0\}$를 찾는다.

*** 함수가 정의되기 위한 조건을 유의하여 증명하여야 한다.】**

X를 무한집합이라 하면 단사함수 $f : X \to X$가 존재하여 $f(X) \neq X$이다. $g : X-\{x_0\} \to X-\{x_0\}$를 다음과 같이 정의하면 함수 g는 단사이고

$$g(X-\{x_0\}) \neq X-\{x_0\}$$

이다. 그러므로 $X-\{x_0\}$는 무한집합이다.

(1) $x_0 \in f(X)$인 경우

적당한 $x_1 \in X$이 존재하여 $f(x_1) = x_0$이다. 임의의 $x \in X-\{x_0\}$에 대하여 함수 $g : X-\{x_0\} \to X-\{x_0\}$를

$$g(x) = \begin{cases} f(x), & x \neq x_1 \\ x_2 \in X-f(X), & x = x_1 \end{cases}$$

으로 정의한다. 그러면 $f(X) \neq X$이므로 함수 g는 잘 정의되고, f가 단사이므로 g도 단사가 된다. $f(x_0) \notin g(X-\{x_0\})$이므로

$$g(X-\{x_0\}) = f(X-\{x_0, x_1\}) \cup \{x_2\} \neq X-\{x_0\}$$

이다. g의 치역에는 $f(x_0)$가 존재하지 않음을 유의하여야 한다.

(2) $x_0 \notin f(X)$인 경우

함수 $g : X-\{x_0\} \to X-\{x_0\}$를 $g(x) = f(x)$으로 정의한다. 그러면 g는 단사이고, $g(X-\{x_0\}) = f(X-\{x_0\}) \neq X-\{x_0\}$이다. □

2. 다음 구간들은 모두 대등함을 보여라.

(1) $[0, 1]$ (2) $[0, 1)$ (3) $(0, 1]$ (4) $(0, 1)$

풀이 **【 형태가 다른 두 구간 사이에 1:1 대응이 존재한다는 것을 증명할 경우에는 반드시 번호 붙일 수 있는 부분과 번호 붙일 수 없는 부분을 나누어 증명하여야 한다. 】**

〈(1)～(4)〉

$$A = [0,\ 1] - \left\{0,\ 1,\ \frac{1}{2},\ \frac{1}{3},\ \cdots\right\} = (0,\ 1) - \left\{\frac{1}{2},\ \frac{1}{3},\ \cdots\right\}$$

이라고 하면

$$[0,\ 1] = \left\{0,\ 1,\ \frac{1}{2},\ \frac{1}{3},\ \cdots\right\} \cup A, \quad (0,\ 1) = \left\{\frac{1}{2},\ \frac{1}{3},\ \frac{1}{4},\ \cdots\right\} \cup A$$

이다. 그러면

$$f(x) = \begin{cases} 1/2, & x = 0 \\ 1/(n+2), & x = 1/n,\ \ n \in \mathbb{N} \\ x, & x \neq 0,\ 1/n,\ \ n \in \mathbb{N} \end{cases}$$

로 정의된 $f : [0,\ 1] \rightarrow [0,\ 1)$ 은 전단사함수이다. 따라서 $[0,\ 1] \sim (0,\ 1)$ 이다.

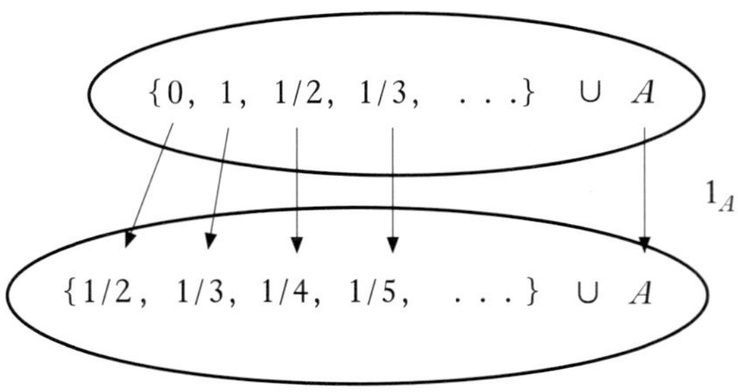

〈(1)～(2)〉

$$f(x) = \begin{cases} 1/(n+1), & x = 1/n,\ \ n \in \mathbb{N} \\ x, & x \neq 1/n,\ \ n \in \mathbb{N} \end{cases}$$

로 정의된 $f : [0,\ 1] \rightarrow [0,\ 1)$ 은 전단사함수이다. 따라서 $[0,\ 1] \sim [0,\ 1)$ 이다.

〈(2)～(3)〉

$$f(x) = 1 - x$$

로 정의된 $f : [0, 1) \rightarrow (0, 1]$은 전단사함수이다. 따라서 $[0, 1) \sim (0, 1]$이다.

그런데 $[0, 1] \sim [0, 1)$이므로 $[0, 1] \sim (0, 1]$이 되어 〈(1)~(3)〉도 성립한다. 그러므로 주어진 구간들은 모두 대등하다. □

〈참고〉 함수 $f(x) = a + (b-a)x$**에 의하여**

$$[0, 1] \sim [a, b],\ [0, 1) \sim [a, b),\ (0, 1) \sim (a, b),\ (0, 1] \sim (a, b]$$

이 성립함을 알 수 있다. 그리고 $(a, b) \sim \mathbb{R}$ **이므로 주어진 구간들은 모두 번호 붙일 수 없는 집합들이다.**

3. 정수 계수 다항방정식들의 해집합은 번호 붙일 수 있는 집합임을 증명하여라.

풀이 **〖 ① 정수 계수 다항식들의 집합은 번호 붙일 수 있는 집합임을 보인다.**
② 정수 계수 다항방정식 각각에 대한 해집합은 유한이므로 모든 정수 계수 다항방정식들의 해집합은 번호 붙일 수 있는 집합이 됨을 보인다. 〗

임의의 $(n, m) \in \mathbb{N} \times \mathbb{N}$ 에 대하여 $P_{(n,\ m)}$을 $|a_0| + |a_1| + \cdots + |a_m| = n$ 인 정수 계수 m차 다항식

$$P_{(n,\ m)}(x) = a_0 + a_1x + a_2x^2 + \cdots + a_mx^m,\ a_m \neq 0,\ a_0,\ a_1,\ a_2,\ \cdots\ a_m \in \mathbb{Z}$$

들의 집합이라 하면 정수 계수 다항식들의 집합 P는

$$P = \bigcup_{(n,\ m) \in \mathbb{N} \times \mathbb{N}} P_{(n,\ m)}$$

이다. $P_{(n,\ m)}$는 유한집합이므로 [정리 5.13]과 [정리 5.14]에 의하여 P는 번호 붙일 수 있는 집합이 된다. 그러므로 모든 정수 계수 다항방정식들의 집합은 $E = \{p_i(x) = 0 \mid i \in \mathbb{N}\}$ 으로 나타낼 수 있고, 임의의 $i \in \mathbb{N}$ 에 대하여 A_i을 방정식 $p_i(x) = 0$에 대한 해들의 집합이라 하면 i차 방정식은 기껏해야 i개의 해를 가지므로 A_i은 유한집합이다. 따라서 모든 정수 계수 다항방정식들의 해집합 A는 $A = \bigcup_{i \in \mathbb{N}} A_i$ 이므로 번호 붙일 수 있는 집합이다. □

제 6 장

기수와 그 셈법

〈 학습목표 〉

기수의 개념과 순서매김을 소개하고, 기수의 셈법 — 덧셈, 곱셈, 거듭제곱 — 에 관하여 학습한다. 특히 초한기수는 유한기수와는 분명히 다른 성질을 가지고 있음을 강조한다.

토론과제

1. 유리수와 무리수는 그 크기를 비교할 수 있을까?
2. 무한집합을 그 크기로 구분한다면 서로 다른 무한집합의 개수는 얼마나 많을까?
3. 자연수의 셈법을 기수에 적용할 수 없을까?
4. 임의의 초한기수 a에 대하여 $a < x < 2^a$을 만족하는 기수 x는 존재할까?

협동학습문제

1. $B \subset A$일 때 단사함수 $f : A \to B$가 존재하면 전단사함수 $h : A \sim B$도 존재함을 증명하여라.

   ☞ **$B = A$인 경우와 $B \subsetneq A$인 경우를 나누어 증명한다. $B \subsetneq A$인 경우는,**

$$C = \bigcup_{n \geq 0} f^n(A - B)$$

   를 이용하여 전단사함수 $h : A \to B$를 찾는다.

2. 임의의 초한기수 a에 대하여 $\aleph_0 + a = a$임을 밝혀라.

   ☞ **번호 붙일 수 있는 집합이 포함된 무한집합의 대등을 생각할 때에는 반드시 임의의 무한집합에서 번호 붙일 수 있는 집합을 분리하여 생각한다.**

3. $[0, 1]$을 크기가 같은 세 개의 진부분집합으로 나눌 수 있는 방법을 찾아보아라.

   ☞ **연속체 구간은 서로 대등함을 유의하여야 한다.**

4. 정의역과 공역이 모두 $\mathbb{R}$인 연속함수, 미분가능함수, 상수함수의 집합을 각각

$$C(\mathbb{R}, \mathbb{R}), \quad D(\mathbb{R}, \mathbb{R}), \quad K(\mathbb{R}, \mathbb{R})$$

   라고 하고 정의역이 $\mathbb{Q}$, 공역이 $\mathbb{R}$인 연속함수의 집합을 $C(\mathbb{Q}, \mathbb{R})$라고 하면 다음이 성립함을 증명하여라.

$$card\, C(\mathbb{R}, \mathbb{R}) = card\, C(\mathbb{Q}, \mathbb{R}) = card\, K(\mathbb{R}, \mathbb{R}) = card\, D(\mathbb{R}, \mathbb{R}) = c$$

   ☞ **임의의 집합 A, B에 대하여 집합 A가 B의 부분집합과 대등하면**

$$card\ A \leq card\ B$$

임을 유의하여야 한다. 따라서 단사함수 $f: A \to B$가 존재하면

$$card\ A \leq card\ B$$

이 성립한다.

5. n차원 공간 $\mathbb{R}^n$은 $\mathbb{R}$과 같은 크기의 원소를 포함하고 있음을 보여라.

6.1 기수의 개념

기수(基数, cardinal number)가 무엇인가를 명확히 정의하는 것보다는 다음 규칙을 만족하는 집합의 「크기(size)」와 관련된 개념으로 기수를 소개한다.

C1 임의의 집합 A에 대하여 $card\, A$로 표시되는 하나의 기수가 대응되고, 임의의 기수 a에 대하여 $card\, A = a$인 집합 A가 존재한다.

C2 $card\, A = 0 \Leftrightarrow A = \varnothing$

C3 적당한 $k \in \mathbb{N}$가 존재하여 $A \sim \{1, 2, \cdots, k\}$이면 $card\, A = k$이다.

C4 임의의 두 집합 A, B에 대하여 $A \sim B \Leftrightarrow card\, A = card\, B$이 성립한다.

위의 규칙 중 C2와 C3은 유한집합의 기수에 대한 정의이다. 즉, 유한집합의 기수는 그 집합의 원소의 개수를 의미한다. 따라서 0과 임의의 자연수 n은 유한집합의 기수임을 알 수 있다. 유한집합의 기수를 유한기수(finite cardinal number), 무한집합의 기수를 초한기수(transfinite cardinal number)라고 한다. C4에 의하여 크기가 같은 두 집합은 그 기수도 같음을 알 수 있다.

기수의 개념을 보다 잘 이해하기 위하여 기수의 순서와 셈법을 학습하도록 한다.

연습문제 6.1

1. 자연수가 아닌 기수를 3가지만 구하여라.

2. $card\, \{\varnothing, \{\varnothing\}, \{\varnothing, \{\varnothing\}\}\}$을 구하여라.

3. $A = \{a, b, c\}$, $B = \{1, 2\}$에 대하여 다음을 구하여라.

$$card\, A, \quad card\, B, \quad card\, A \times B$$

6.2 기수의 순서매김(ordering)

[정의 6.1]

집합 A, B에 대하여 A가 B의 어떤 부분집합과 대등하지만 B는 A의 임의의 부분집합과 대등하지 않을 때 "$card\,A$는 $card\,B$보다 작다." 또는 "$card\,B$는 $card\,A$보다 크다."라고 말하고, 이것을 $card\,A < card\,B$로 나타낸다.

위 정의를 유한기수에 적용할 경우 그 결과는 자연수로부터 주어지는 자연스러운 순서와 같다. 즉 $0<1<2<3< \cdots <k<k+1< \cdots$ 이 성립한다.

[보기 1] $card\,\mathbb{N} < card\,\mathbb{R}$ 임을 증명하여라.

풀이 $\mathbb{N} \sim \mathbb{N} \subset \mathbb{R}$ 이 성립한다. 그러나 집합 $\mathbb{R}$ 은 번호 붙일 수 없는 집합이므로 $\mathbb{N}$ 의 임의의 부분집합과는 대등하지 않다. □

다음은 슈뢰더-베른슈타인 정리를 증명하는데 유용한 성질이다. 증명은 협동학습문제로 남겨둔다.

【정리 6.1】

$B \subset A$일 때 단사함수 $f : A \to B$가 존재하면 전단사함수 $h : A \sim B$도 존재한다.

【 정리 6.2 】 슈뢰더-베른슈타인(Schröder-Bernstein)

임의의 집합 A, B에 대하여 집합 A가 B의 어떤 부분집합과 대등하고 집합 B는 A의 어떤 부분집합과 대등할 때 A와 B는 대등하다.

증명 적당한 $B_0 \subset B$, $A_0 \subset A$에 대하여 $f_0 : A \sim B_0$, $g_0 : B \sim A_0$인 전단사함수 f_0, g_0가 존재하므로 $f(x) = g_0(f_0(x))$로 정의된 함수 $f : A \to A_0$는 단사이다. 따라서 [정리 6.1]에 의하여 전단사함수 $h : A \sim A_0$이 존재한다. 그러므로 $g_0^{-1} \circ h : A \sim B$이 성립하여 A와 B는 대등하다. ■

$card\, A < card\, B$ 또는 $card\, A = card\, B$을 $card\, A \leq card\, B$으로 나타내기로 하면 [정리 6.2]로부터 다음을 얻는다.

【 정리 6.3 】

$card\, A \leq card\, B$이고 $card\, B \leq card\, A$이면 $card\, A = card\, B$이다.

연습문제 6.2

1. $card\, \mathbb{N}$는 가장 작은 초한기수임을 증명하여라.
2. 두 집합 A, B에 대하여 단사함수 $f : A \to B$이 존재하기 위한 필요충분조건은 $card\, A \leq card\, B$임을 증명하여라.
3. 집합 A, B, C에 대하여 $A \subset B \subset C$이고 $A \sim C$이면 $A \sim B$임을 증명하여라.

6.3 멱집합의 기수

【정리 6.4】 칸토르의 정리

임의의 집합 X에 대하여 다음이 성립한다.

$$card\, X < card\, \mathscr{P}(X)$$

증명 (i) $X=\varnothing$인 경우는 $0 = card\, \varnothing < card\, \mathscr{P}(\varnothing) = card\, \{\varnothing\} = 1$이다.

(ii) $X \neq \varnothing$일 때 모든 $x \in X$에 대하여 $g(x) = \{x\}$로 정의된 함수 $g : X \to \mathscr{P}(X)$는 단사이다. 즉, 집합 X는 $\mathscr{P}(X)$의 부분집합 $\{\{x\} \mid x \in X\}$와 대등하다. 따라서 $card\, X \leq card\, \mathscr{P}(X)$이다. $card\, X < card\, \mathscr{P}(X)$을 증명하려면 X와 $\mathscr{P}(X)$가 대등하지 않음을 보이면 충분하다. $f : X \sim \mathscr{P}(X)$이라고 가정하고, $S = \{x \in X \mid x \notin f(x)\}$이라 하자. 그러면 $S \in \mathscr{P}(X)$이므로 $f(e) = S$을 만족하는 $e \in X$가 유일하게 존재하고, $e \in S$ 또는 $e \notin S$인 두 개의 경우가 있다.

[경우 1] $e \in S$이면 S의 정의에 의하여 $e \notin f(e) = S$이므로 모순이다.
[경우 2] $e \notin S$이면 $e \notin f(e)$이므로 S의 정의에 의하여 $e \in S$이 되어 모순이다.

두 개의 경우 모두 모순이 유도되므로 X와 $\mathscr{P}(X)$는 대등하지 않다. ■

위 정리의 의의는 새로운 초한기수를 얻을 수 있는 방법을 제시한 점과 무한집합도 기수로 구분할 수 있다는 점에 있다. 예를 들면 다음과 같다.

$$card\, \mathbb{R} < card\, \mathscr{P}(\mathbb{R}) < card\, \mathscr{P}(\mathscr{P}(\mathbb{R})) < \cdots$$

또한 칸토르의 관점에서 볼 때 다음과 같은 지극히 자연스러운 의문이 생길 것이다. 이것은 7절에서 다루기로 한다.

$$card\ \mathbb{N} < x < card\ \mathbb{R} \text{ 인 기수 } x\text{가 존재하겠는가?}$$

이 의문을 연속체 문제(continuum problem)라 한다.

연습문제 6.3

1. 가장 큰 기수는 존재하지 않음을 증명하여라.

2. 집합 A, B에 대하여 $card\ A = card\ B$이면 $card\ \mathscr{P}(A) = card\ \mathscr{P}(B)$임을 증명하여라.

3. 임의의 번호 붙일 수 있는 집합 A의 멱집합 $\mathscr{P}(A)$는 번호 붙일 수 없는 집합임을 증명하여라.

6.4 기수의 셈법

이 절에서는 기수의 셈법 — 덧셈, 곱셈, 거듭제곱 — 과 그 성질을 학습한다. 유한기수에 대해서는 이미 알고 있는 자연수의 셈법과 일치하도록 기수의 셈법을 정의한다.

[정의 6.2] 기수의 덧셈

서로 소인 두 집합 A, B의 기수를 각각 a, b라고 할 때 $card(A \cup B)$을 a와 b의 기수 합(cardinal sum)이라 하고, $a+b$로 나타낸다.

다음 정리에 의하여 기수 합이 잘 정의되었음을 알 수 있다.

【 정리 6.5 】

임의의 두 기수 a, b에 대하여 다음이 성립한다.

1. $card\, A = a$, $card\, B = b$인 서로 소인 집합 A, B가 존재한다.
2. 집합 A, B, A', B'에 대하여 $card\, A = card\, A'$, $card\, B = card\, B'$이고 $A \cap B = \varnothing$, $A' \cap B' = \varnothing$이면 $card(A \cup B) = card(A' \cup B')$이다.

증명 1. 임의의 두 기수 a, b에 대하여 규칙 C1에 의하여

$$card\, A = a, \quad card\, B = b$$

인 집합 A, B가 존재한다. $A \cap B \neq \varnothing$인 경우에는 $A \sim A \times \{0\}$, $B \sim B \times \{1\}$인 $A \times \{0\}$, $B \times \{1\}$을 택하면 된다.

2. 집합 A, B, A', B'에 대하여 $A \cap B = \varnothing = A' \cap B'$이고 $A \sim A'$, $B \sim B'$이면 [정리 5.7]에 의하여 $A \cup B \sim A' \cup B'$이므로 $card\,(A \cup B) = card\,(A' \cup B')$이다. ■

[보기 1] 유한기수 4와 3의 기수 합 4+3을 구하여라.

풀이 $card\, \mathbb{N}_4 = 4$, $card\{5, 6, 7\} = 3$, $\mathbb{N}_4 \cap \{5, 6, 7\} = \varnothing$이므로
$4 + 3 = card(\mathbb{N}_4 \cup \{5, 6, 7\}) = card\, \mathbb{N}_7 = 7$이다. □

기수 합의 정의와 합집합에 관한 성질에 의하여 다음은 분명하다.

【 정리 6.6 】

임의의 두 기수 a, b, c에 대하여 다음이 성립한다.

1. [교환법칙] $a+b=b+a$
2. [결합법칙] $(a+b)+c=a+(b+c)$

칸토르에 따라 기호 $\aleph_0$[히브리어로 알레프-널(aleph-null)이라 읽음]과 c는 다음과 같이 각각 번호 붙일 수 있는 집합의 기수와 연속체의 기수를 나타내는 것으로 사용되어왔다.

$$\aleph_0 = card\ \mathbb{N}, \quad c = card\ \mathbb{R}$$

[보기 2] 기수 합 $\aleph_0 + \aleph_0$을 구하여라.

풀이 짝수인 자연수의 집합 $\mathbb{N}_e$과 홀수인 자연수의 집합 $\mathbb{N}_o$은 서로 소이므로 다음이 성립한다.

$$\aleph_0 + \aleph_0 = card\ \mathbb{N}_e + card\ \mathbb{N}_o = card(\mathbb{N}_e + \mathbb{N}_o) = card\ \mathbb{N} = \aleph_0 \quad \square$$

[보기 3] 기수 합 $c+c$를 구하여라.

풀이 제 5 장의 협동학습문제 해답 2번 〈참고〉에 의하여 모든 구간은 번호붙일 수 없는 집합이다. 따라서

$$card(0,\ 1) = card(1,\ 2) = card\ \mathbb{R} = c$$

이고

$$\mathbb{R} \sim (0,\ 1) \subset (0,\ 1) \cup (1,\ 2),\ (0,\ 1) \cup (1,\ 2) \sim (0,\ 1) \cup (1,\ 2) \subset \mathbb{R}$$

이므로 슈뢰더-베른슈타인의 정리에 의하여 $c+c=c$이다. □

[보기 2]와 [보기 3]의 결과는 초한기수의 특징 중 하나이다. 유한기수 m, n에 대하여 $m+n=m$이 참인 것은 $n=0$일 때뿐이다.

[정의 6.3] 기수의 곱셈

기수 a, b에 대하여 $card\,A=a$, $card\,B=b$일 때 a와 b의 기수 곱(cardinal product)을 $a\times b$ 또는 간단히 ab로 나타낸다. 이때

$$ab=card(A\times B)$$

이다.

위 정의가 잘 정의되었음을 보이려면 기수 a, b에 대응하여 대표로 택한 집합 A, B와는 독립적임을 보여주어야 한다. 집합 X, Y가 존재하여 $A\sim X$, $B\sim Y$이라고 하면 [정리 5.8]에 의하여 $A\times B\sim X\times Y$이므로 $card(A\times B)=card(X\times Y)$이다.

【정리 6.7】

임의의 기수 a, b, x에 대하여 다음이 성립한다.

1. [교환법칙] $ab=ba$
2. [결합법칙] $(ab)x=a(bx)$
3. [분배법칙] $a(b+x)=ab+ax$

증명 집합 A, B, X가 $card\,A=a$, $card\,B=b$, $card\,X=x$를 만족하면 〈연습문제 5.1〉에

의하여 $A \times B \sim B \times A$ 이고 $(A \times B) \times X \sim A \times (B \times X)$ 이다. 또한 $B \cap X = \varnothing$ 이면 $(A \times B) \cap (A \times X) = \varnothing$ 이고 $A \times (B \cup X) = (A \times B) \cup (A \times X)$ 이 성립한다. 따라서 $ab = ba$, $(ab)x = a(bx)$, $a(b+x) = ab + ax$ 가 성립한다. ■

[보기 4] 임의의 기수를 x라고 할 때 $card\, X = x$인 집합 X에 대하여 $\{1\} \times X \sim X$ 이고 $\varnothing \times X = \varnothing$ 이다. 또한 $\mathbb{N} \times \mathbb{N} \sim \mathbb{N}$ 이므로 다음이 성립한다.

(1) $1x = x$ (2) $0x = 0$ (3) $\aleph_0 \aleph_0 = \aleph_0$

[보기 5] $cc = c$ 임을 증명하여라.

풀이 (i) $cc \le c$ 은 단사함수 $f : (0, 1) \times (0, 1) \to (0, 1)$ 가 존재한다는 것을 보이면 충분하다. 임의의 $x \in (0, 1)$ 을 일의적으로 나타내기 위하여 $1/2$ 은 0.5 가 아닌 $0.4999\cdots$ 와 같이 무한소수로 표시하기로 하고 함수 $f : (0, 1) \times (0, 1) \to (0, 1)$ 을

$$f(0.x_1x_2x_3\cdots,\ 0.y_1y_2y_3\cdots) = 0.x_1y_1x_2y_2\cdots,$$
$$(x_n,\ y_n \in \{0, 1, 2, 3, \cdots\},\ n \in \mathbb{N})$$

로 정의하면 함수 f 는 단사이다.

(ii) $(0, 1) \sim (0, 1) \times \{1/2\} \subset (0, 1) \times (0, 1)$ 이므로 $c \le cc$ 인 것은 분명하다. □

두 집합 A, B의 원소가 각각 m, n개일 때 A에서 B로의 함수는 모두 몇 개 있는가? A의 각 원소에 대응되는 상으로서 택할 수 있는 것은 n개이고, 그것은 모두 독립적이므로 A에서 B로의 함수는 $n \cdot n \cdot n \cdot \cdots \cdot n = n^m$ 이다. 이 개념을 다음과 같이 일반화할 수 있다.

[정의 6.4] 기수의 거듭제곱

기수 $a, b\,(a \neq 0)$에 대하여 $card\,A = a$, $card\,B = b$일 때 A에서 B로의 함수의 집합은 B^A로 나타낸다. 이때 $card\,B^A = b^a$이다.

다음 정리에 의하여 기수의 거듭제곱이 잘 정의되었음을 알 수 있다.

【정리 6.8】

집합 A, B, X, Y에 대하여 $A \sim X$, $B \sim Y$이면 $B^A \sim Y^X$이다.

증명 $g : A \sim X$, $h : B \sim Y$를 일대일 대응이라고 하자. 함수 $\psi : B^A \to Y^X$을 임의의 $f \in B^A$에 대하여 $\psi(f) = h \circ f \circ g^{-1}$로 정의하면 아래와 같이 ψ가 전단사함수임을 증명할 수 있다.

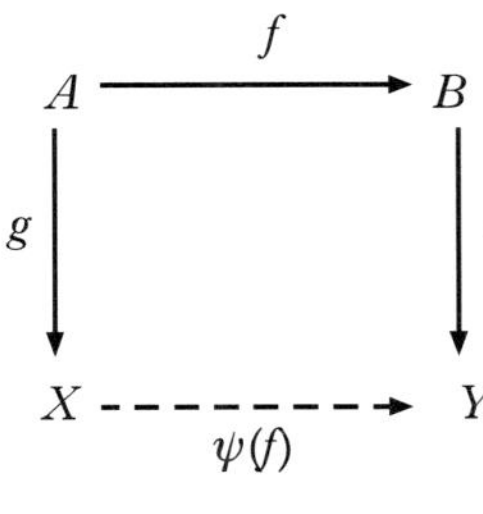

$\psi(f) = \psi(f')$라고 하자. 임의의 $a \in A$에 대하여 $g(a) \in X$이므로 $\psi(f)(g(a)) = \psi(f')(g(a))$이다. 그런데

$$\psi(f)(g(a)) = h \circ f \circ g^{-1}(g(a)) = h(f(a)),$$
$$\psi(f')(g(a)) = h \circ f' \circ g^{-1}(g(a)) = h(f'(a))$$

이므로 $h(f(a)) = h(f'(a))$이다. h는 단사이므로 $f(a) = f'(a)$이다. 따라서 $f = f'$이다. 이것은 함수 ψ가 단사임을 의미한다.

임의의 $r \in Y^X$에 대하여 $\eta = h^{-1} \circ r \circ g \in B^A$이 존재하여 $\psi(\eta) = r$이 성립하므로

ψ는 전사이다. ■

[보기 6] $card\ \mathscr{P}(A) = 2^{card\,A}$ 임을 증명하여라.

풀이 $B = \{0, 1\}$ 이라 하고, 함수 $\rho : \mathscr{P}(A) \to B^A$ 을 $\rho(D) = \chi_D$ 로 정의하자. ρ가 단사인 것은 분명하고, 임의의 함수 $f \in B^A$ 에 대하여 $D = \{x \in A \mid f(x) = 1\}$ 이면 $f = \chi_D$ 이므로 $\rho(D) = f$ 가 되어 ρ는 전사이다. 따라서 $\mathscr{P}(A) \sim B^A$ 이다. 그러므로

$$card\ \mathscr{P}(A) = card\ B^A = card\ B^{card\,A} = 2^{card\,A}$$

이 성립한다. □

【 정리 6.9 】

임의의 기수 a, x, y에 대하여 다음이 성립한다.

1. $a^x a^y = a^{x+y}$
2. $(a^y)^x = a^{yx}$
3. $(ay)^x = a^x y^x$

증명 집합 A, X, Y가 $card\ A = a$, $card\ X = x$, $card\ Y = y$을 만족한다고 하자.

1. $X \cap Y = \varnothing$ 이라 하고 $A^X \times A^Y \sim A^{X \cup Y}$ 임을 보이면 충분하다. 임의의 함수 $f : X \to A$, $g : Y \to A$ 의 순서쌍 (f, g)에 $f \cup g : X \cup Y \to A$ 을 대응시키는 $\psi : A^X \times A^Y \to A^{X \cup Y}$는 전단사함수이다. 따라서 $a^x a^y = a^{x+y}$ 이다.
2. $A^{Y \times X} \sim (A^Y)^X$ 임을 보이면 충분하다. 주어진 함수 $f : Y \times X \to A$ 와 주어진 원소 $u \in X$에 대하여 함수 $f^u : Y \to A$ 을 각 $v \in Y$에 대하여 $f^u(v) = f(v, u)$ 로 정의하고, $e_f : X \to (A^Y)$ 을 각 $u \in X$에 대하여 $e_f(u) = f^u$ 로 정의한다. 그러면 임의의 함수 $f \in A^{Y \times X}$ 에 $e_f \in (A^Y)^X$ 을 대응시키는 $\psi : A^{Y \times X} \to (A^Y)^X$ 는 전단사함수이다. 따라서 $(a^y)^x = a^{yx}$ 이다.

3. $(A\times Y)^X \sim A^X \times Y^X$을 보이면 충분하다. 임의의 함수 $f: X \to A\times Y$에 $(p_A\circ f, p_B\circ f) \in A^X\times Y^X$을 대응시키는 $\psi: (A\times Y)^X \to A^X\times Y^X$는 전단사함수이다. 따라서 $(ay)^x = a^x y^x$이다. ■

【 정리 6.10 】

$$2^{\aleph_0} = c$$

증명 $c \le 2^{\aleph_0}$을 보이기 위하여 함수 $f: \mathbb{R} \to \mathscr{P}(\mathbb{Q})$을 임의의 $a\in\mathbb{R}$에 대하여 $f(a) = \{x\in\mathbb{Q} \mid x<a\}$ 라고 정의하면 f는 단사이다. 만약 $a<b$가 서로 다른 실수이면 $a<r<b$인 유리수 r이 존재하여 $r\in f(b)$, $r\not\in f(a)$이 되기 때문이다. 그런데 $card\ \mathbb{R} = c$, $card\ \mathscr{P}(\mathbb{Q}) = 2^{\aleph_0}$이므로 $c\le 2^{\aleph_0}$이다.
역 부등식이 성립하는 것을 보이기 위하여 함수 $\psi: \{0, 1\}^N \to \mathbb{R}$을 임의의 $g\in\{0, 1\}^N$에 대하여 $\psi(g) = 0.g(1)g(2)g(3)\cdots$ 라고 정의하면 ψ가 단사인 것은 분명하다. 그런데 $card\{0, 1\}^N = 2^{\aleph_0}$이므로 $2^{\aleph_0}\le c$이다. ■

【 정리 6.11 】

$$\aleph_0 < c$$

증명 칸토르의 정리와 [정리 6.10]에 의하여

$$\aleph_0 = card\ \mathbb{N} < card\ \mathscr{P}(\mathbb{N}) = 2^{\aleph_0} = c\ \cdot$$

이 성립한다. ■

[보기 7] $card\ \mathbb{R}^{\mathbb{R}} = c^c = 2^c$ 임을 증명하여라.

풀이

$$\mathbb{R} \sim \{1\} \times \mathbb{R} \subset \mathbb{N} \times \mathbb{R} \subset \mathbb{R} \times \mathbb{R}$$

이므로

$$c \leq \aleph_0 c \leq cc = c$$

이 성립한다. 그러므로

$$card\ \mathbb{R}^{\mathbb{R}} = c^c = (2^{\aleph_0})^c = 2^{\aleph_0 c} = 2^c$$

이다. □

연습문제 6.4

1. 임의의 기수 a에 대하여 $a+0=a$임을 증명하여라.

2. 다음이 성립함을 증명하여라.
   (1) $n+\aleph_0=\aleph_0$
   (2) $n+c=c$
   (3) $n^{\aleph_0}=\aleph_0^{\aleph_0}=c \ (n \geq 2)$

3. [정리 6.10]을 이용하여 다음을 증명하여라.
   (1) $cc=c$
   (2) $c^{\aleph_0}=c$

4. $x_1^2+x_2^2+x_3^2+\cdots$ 이 수렴하는 실수의 무한수열 $(x_1, x_2, x_3, \cdots)$로 이루어진 공간을 힐베르트 공간(Hilbert space)이라 하고, $\mathbb{H}$로 표시한다. $\mathbb{H}$는 $\mathbb{R}$과 같은 크기의 원소를 포함하고 있음을 보여라.

5.
$$\mathbb{R}^{\aleph_0}=\left\{(x_1, x_2, x_3, \cdots) \mid x_i \in \mathbb{R},\ i=1, 2, 3, \cdots\right\}$$
$$L=\left\{(x_1, x_2, x_3, \cdots) \in \mathbb{R}^{\aleph_0} \mid x_i \in \mathbb{Z},\ i=1, 2, 3, \cdots\right\}$$

이라고 할 때 $\mathbb{R}^{\aleph_0}$은 L과 같은 크기의 원소를 포함하고 있음을 보여라.

6. 치역이 $\{0, 1\}$인 1개의 실변수를 가진 함수들의 집합은 임의의 $n \in \mathbb{N}$에 대하여 n개의 실변수를 가진 실수값 함수들의 집합과 같은 크기의 원소를 포함하고 있음을 보여라.

7. $card\{f \mid f : \mathbb{R} \to \mathbb{R}\} = \tau$라고 할 때 임의의 자연수 $n \in \mathbb{N}$에 대하여

$$\tau^n = \tau^{\aleph_0} = \tau^c = \tau$$

이 성립함을 증명하여라.

6.5 연속체가설

임의의 무한집합은 번호 붙일 수 있는 집합을 포함한다. 그러므로 $\aleph_0$은 초한기수 중 가장 작은 기수이다. [정리 6.11]에서 $\aleph_0 < c$임은 증명되었다. 그러면 두 초한기수 $\aleph_0$와 c 사이에는 어떤 초한기수가 존재할까? 수학자들은 이 연속체문제에 대한 답은 부정적일 것이라고 예측하였다.

[연속체가설(Continuum Hypothesis)] 두 초한기수 $\aleph_0$와 c에 대하여 $\aleph_0 < x < c$을 만족하는 기수 x는 존재하지 않는다.

[정리 6.4]와 6.4절의 [보기 6], [정리 6.10]에 의하여

$$card\ \mathbb{N} < card\ \mathscr{P}(\mathbb{N}) = 2^{\aleph_0} = c = card\ \mathbb{R} < card\ \mathscr{P}(\mathbb{R}) < card\ \mathscr{P}(\mathscr{P}(\mathbb{R})) < \cdots$$

이 성립함을 살펴보았다. 칸토르는 초한기수를 작은 것부터

$$\aleph_0,\ \aleph_1,\ \aleph_2,\ \cdots$$

으로 나타내었다. 즉,

$$\aleph_0,\quad c=2^{\aleph_0}=\aleph_1,\quad card\ \mathscr{P}(\mathbb{R})=2^{\aleph_1}=\aleph_2,\ \cdots$$

[일반연속체가설(Generalized Continuum Hypothesis)] 임의의 초한기수 a 에 대하여 $a<x<2^a$ 을 만족하는 기수 x는 존재하지 않는다.

$2^{\aleph_0}=\aleph_1$ 이 성립한다는 것이 연속체가설이고, $2^{\aleph_n}=\aleph_{n+1}$ 이 성립한다는 것이 일반연속체가설임을 알 수 있다.

1938년 독일의 수학자 괴델(Kurt Gödel)은 기존 집합론의 공리계에 일반연속체가설을 더하여 생긴 모순은 기존의 공리계만으로도 그 모순이 유도된다는 것을 주장함으로써 일반연속체가설을 더하여도 기존의 집합 이론에는 아무런 모순도 야기되지 않는다는 것을 증명하였다. 1963년 스텐포드 대학교의 젊은 수학자 코헨(Paul J. Cohen)은 기존의 집합론 공리계의 토대위에서는 일반연속체가설의 증명이 불가능하다고 주장하여 일반연속체가설은 기존의 다른 공리와는 실제로 독립적이라는 것을 증명하였다.

협동학습문제 해답

1. $B \subset A$일 때 단사함수 $f : A \to B$가 존재하면 전단사함수 $h : A \sim B$도 존재함을 증명하여라.

풀이 〖 **① $B = A$인 경우와 $B \subsetneq A$인 경우를 나누어 증명한다.**
② $B \subsetneq A$인 경우는, 집합 $A - B$와 주어진 단사함수 f를 이용하여 집합

$$C = \bigcup_{n \geq 0} f^n(A - B)$$

를 생각하고, C와 $A - C$로 나누어 정의된 전단사함수 $h : A \to B$를 찾는다. 〗

(1) $B = A$인 경우는 $h = 1_A$로 놓으면 성립한다.

(2) $B \subsetneq A$인 경우 $A - B \neq \varnothing$이므로 $\varnothing \neq \bigcup_{n \geq 0} f^n(A - B) = C$라고 하자. 여기서 $f^0 = 1_A$이고 임의의 $k \in \mathbb{N}$와 임의의 $x \in A$에 대하여

$$f^k(x) = f(f^{k-1}(x))$$

로 정의한다. 그러면 $A - B \subset C$, $f(C) \subset C$이다. 또 서로 다른 정수 m, n에 대하여 $f^m(A - B) \cap f^n(A - B) = \varnothing$이다. 왜냐하면 $f^m(A - B) \cap f^n(A - B) \neq \varnothing$이면 $f^m(x) = f^n(x')$인 $x, x' \in A - B$이 존재하여 $m < n$일 때 $f^{n-m}(x') = f^{m-m}(x) = f^0(x) = x$이 되어 $x = f^{n-m}(x') \in B$이 성립한다. 이것은 $x \in A - B$에 모순이기 때문이다.
위의 내용을 그림으로 나타내면 다음과 같다.

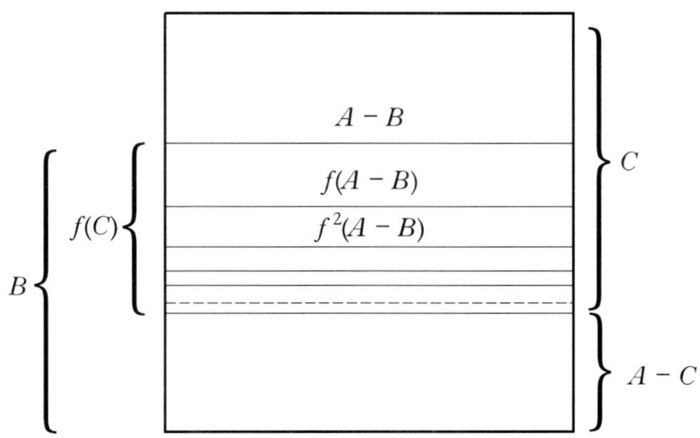

이제 함수 $h : A \to B$를 다음과 같이 정의한다.

$$h(z) = \begin{cases} f(z), & z \in C \\ z, & z \in A - C \end{cases}$$

그러면 $h(A) = (A-C) \cup f(C) = [A - \bigcup_{n \geq 0} f^n(A-B)] \cup f(\bigcup_{n \geq 0} f^n(A-B))$

$$= [A - \bigcup_{n \geq 0} f^n(A-B)] \cup [\bigcup_{n \geq 1} f^n(A-B)] = A - (A-B) = B$$

이고 함수 h가 단사이므로 함수 h는 전단사이다.
만약 $C = A$이면 $h = f$이므로 f가 전단사함수로 주어진 경우를 의미한다.

□

2. 임의의 초한기수 a에 대하여 $\aleph_0 + a = a$임을 밝혀라.

풀이 〚 ① $card\,A = a$ **인 무한집합** A**에 대하여** A**에 포함된 번호 붙일 수 있는 집합** $D = \{d_1, d_2, \cdots\}$ **를 택한 후** A**에서** D**를 분리하여 생각한다.**
② **기수의 덧셈 정의에 유의하여 일대일 대응을 정의한다.** 〛

A를 $card\,A = a$인 무한집합, $H = \{h_1, h_2, \cdots\}$를 번호 붙일 수 있는 집합, $A \cap H = \varnothing$이라 하자. $A \cup H \sim A$임을 보이면 된다.
A는 무한집합이므로 번호 붙일 수 있는 집합 $D = \{d_1, d_2, \cdots\}$을 포함한다. 함수 $f : A \cup H \to A$를 아래 그림과 같이 정의하면,

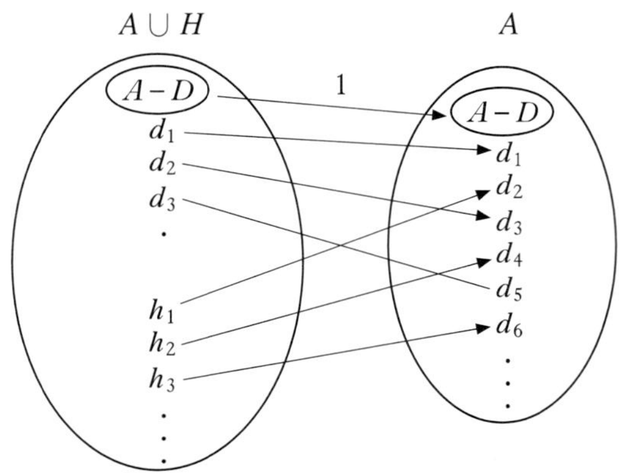

즉,

$$f(x)=\begin{cases} x, & x \in A-D \\ d_{2n-1}, & x = d_n \\ d_{2n}, & x = h_n \end{cases}$$

으로 정의하면 f는 일대일 대응이다. 따라서 $A \cup H \sim A$이다. □

3. [0, 1]을 크기가 같은 세 개의 진부분집합으로 나눌 수 있는 방법을 찾아보아라.

풀이 **【 연속체 구간은 서로 대등함을 유의하여야 한다. 】**

[0, 1]을 적당한 방법으로 세 개의 구간으로 분할하면 제5장의 협동학습문제 2번 성질에 의하여

$$[a, b],\ (a, b),\ [a, b),\ (a, b]$$

형태의 구간은 서로 대등하므로 그 크기는 모두 같다. 따라서

$$[0, 1/3),\ [1/3, 3/4],\ (3/4, 1]$$
$$[0, 1/2],\ (1/2, 3/4],\ (3/4, 1]$$
$$\cdots\cdots$$

은 모두 크기가 같은 세 개의 진부분집합으로 나눌 수 있는 경우이다. 그러므로 크기가 같은 세 개의 진부분집합으로 나눌 수 있는 방법은 무한히 많다.

위 문제는 셀 수 없을 만큼 무한히 많은 재산을, 조금도 줄지 않고 가족 3명에게 동일하게 나누어 줄 수 있는 방법으로 해석할 수 있다. $\mathbb{N}$을 크기가 같은 세 개의 진부분집합으로 나눌 수 있는 방법은 다양하다. 예를 들면 3을 법(modulo)으로 하는 합동관계에 의하여 분할된 $\mathbb{N}$도 그 경우이다. 이것은 번호 붙일 수 있을 만큼 무한히 많은 재산을, 조금도 줄지 않고 가족 3명에게 동일하게 나누어 줄 수 있는 방법으로 해석할 수 있다. □

4. 정의역과 공역이 모두 $\mathbb{R}$인 연속함수, 미분가능함수, 상수함수의 집합을 각각

$$C(\mathbb{R},\ \mathbb{R}),\ D(\mathbb{R},\ \mathbb{R}),\ K(\mathbb{R},\ \mathbb{R})$$

이라고 하고, 정의역 $\mathbb{Q}$, 공역 $\mathbb{R}$ 인 연속함수의 집합을 $C(\mathbb{Q}, \mathbb{R})$이라고 하면 다음이 성립함을 증명하여라.

$$card\ C(\mathbb{R}, \mathbb{R}) = card\ C(\mathbb{Q}, \mathbb{R}) = card\ K(\mathbb{R}, \mathbb{R}) = card\ D(\mathbb{R}, \mathbb{R}) = c$$

풀이 〚 **임의의 집합 A, B에 대하여 집합 A가 B의 부분집합과 대등하면**

$$card\ A \leq card\ B$$

임을 유의하여야 한다. 따라서 단사함수 $f: A \to B$가 존재하면

$$card\ A \leq card\ B$$

이 성립한다. 〛

함수 $f: \mathbb{R} \to \mathbb{R}$ 에 대하여 정의역이 $\mathbb{Q}$ 인 제한함수 $f|_{\mathbb{Q}}$ 을 생각하자. 임의의 $f \in C(\mathbb{R}, \mathbb{R})$에 제한함수 $f|_{\mathbb{Q}}$ 을 대응시키는 함수 $\psi: C(\mathbb{R}, \mathbb{R}) \to C(\mathbb{Q}, \mathbb{R})$는 단사이다. 연속함수 f의 제한함수가 연속이고, 유리수의 조밀성 때문에

$$f|_{\mathbb{Q}} = g|_{\mathbb{Q}} \Rightarrow f = g$$

이 성립하기 때문이다. 따라서

$$\begin{aligned} card\ C(\mathbb{R}, \mathbb{R}) &\leq card\ C(\mathbb{Q}, \mathbb{R}) \leq card\ \mathbb{R}^{\mathbb{Q}} \\ &= c^{\aleph_0} = (2^{\aleph_0})^{\aleph_0} = 2^{\aleph_0 \aleph_0} = 2^{\aleph_0} = c \end{aligned}$$

이 성립한다. 한편, 임의의 $a \in \mathbb{R}$ 에 대하여 $C_a(\mathbb{R}) = \{a\}$ 로 정의된 상수함수 $C_a \in K(\mathbb{R}, \mathbb{R})$가 일의적으로 대응되고, 또 이 함수는 연속이므로

$$K(\mathbb{R}, \mathbb{R}) \subset C(\mathbb{R}, \mathbb{R})$$

이다. 따라서 $c = card\ K(\mathbb{R}, \mathbb{R}) \leq card\ C(\mathbb{R}, \mathbb{R}) \leq c$이 성립한다. 그러므로

$$card\ K(\mathbb{R}, \mathbb{R}) = card\ C(\mathbb{R}, \mathbb{R}) = card\ C(\mathbb{Q}, \mathbb{R}) = c$$

이다. 또한 미분가능한 함수는 연속이므로

$$K(\mathbb{R}, \mathbb{R}) \subset D(\mathbb{R}, \mathbb{R}) \subset C(\mathbb{R}, \mathbb{R})$$

이 성립하여 $card\ D(\mathbb{R}, \mathbb{R}) = c$이다. □

5. n차원 공간 $\mathbb{R}^n$은 $\mathbb{R}$과 같은 크기의 원소를 포함하고 있음을 보여라.

풀이 기수의 곱셈과 거듭제곱의 정의, 곱셈의 결합법칙과 $cc = c$에 의하여

$$c^n = card\ \mathbb{R}^n = card\ (\mathbb{R} \times \mathbb{R} \times \cdots \times \mathbb{R}) = cc \cdots c = c$$

이 성립한다. 그러므로 $card\ \mathbb{R}^n = c = card\,\mathbb{R}$ 이다. □

제 7 장

순서집합과 격자

〈 학습목표 〉

이 장에서는 수학의 여러 분야에서 빈번히 나타나는 순서구조에 관하여 학습한다. 실수의 대소관계, 집합의 포함관계는 순서관계의 전형적인 보기들이다. 부분순서집합을 정의하고, 특별한 경우로서 완전순서집합, 격자, 정렬집합 등에 관하여 학습하며 정렬집합에 관련된 초한귀납법원리를 소개한다. 초한귀납법이 수학적 증명에 어떻게 활용되는지도 알아본다.

• 토론과제 •

1. 부분순서, 완전순서, 정렬순서에 관하여 보기를 들고 서로 비교 · 분석하여라.
2. 부분순서집합 중 격자가 되는 보기를 살펴보고, 그림으로 나타내어 보아라.
3. 수학적 귀납법과 초월귀납법의 원리를 비교하여 설명하여라.
4. 극대와 극소, 최대와 최소, 상한과 하한의 개념을 비교하여 설명하여라.

협동학습문제

1. 원소의 개수가 k개 $(k=1, 2, 3, 4, 5)$일 때 전형적인 격자의 형태를 그림으로 그려 보아라.

☞ **격자**(lattice) $(A, \leq)$**는 부분순서집합으로서 임의의 두 원소** $x, y \in A$**에 대하여**

$$x \vee y = \sup\{x, y\} \in A,\ x \wedge y = \inf\{x, y\} \in A$$

이 성립하여야 함을 유의하여야 한다. A**의 원소가 3개 이하이면 완전순서집합일 때뿐이다.**

2. 임의의 원소 $x, y, z \in A$에 대하여

(1) $x \vee x = x,\ x \wedge x = x$

(2) $x \vee y = y \vee x,\ x \wedge y = y \wedge x$

(3) $(x \vee y) \vee z = x \vee (y \vee z),\ (x \wedge y) \wedge z = x \wedge (y \wedge z)$

(4) $(x \vee y) \wedge x = x,\ (x \wedge y) \vee x = x$

을 만족하는 두 연산 $\vee$와 $\wedge$이 집합 A에 주어졌다고 가정하자. 만약 A에서의 관계 $\leq$가

$$x \leq y \Leftrightarrow x \vee y = y$$

으로 정의되면 $\leq$는 A에서의 부분순서관계이고 A는 격자가 됨을 증명하여라.

☞ A**에서의 관계** $\leq$**가 반사적, 반 대칭적, 추이적임을 보이고, 임의의 두 원소** $x, y \in A$**에 대하여**

$$x \vee y = \sup\{x, y\},\ x \wedge y = \inf\{x, y\}$$

임을 보인다.

3. S가 정렬집합 $(A, \leq)$의 부분집합이라 하고, a_0를 A의 첫 원소라고 할 때

(i) $a_0 \in S$

(ii) $A_x \subset S \Rightarrow x \in S \ (x \in A)$

을 만족하면 $S = A$임을 증명하여라.

☞ **정렬집합의 성질과 주어진 성질** (i)**과** (ii)**를 잘 이해하여 귀류법으로 증명한다.**

7.1 부분순서집합과 완전순서집합

[정의 7.1]

집합 A에서의 관계 $\leq$에 대하여 $\leq$이 반사적, 반 대칭적, 추이적인 경우, 또 그 경우에 한하여 $\leq$은 부분순서(partial order)라고 한다. 즉,

(a) 모든 $a \in A$에 대하여 $a \leq a$
(b) $a \leq b$이고 $b \leq a$이면 $a = b$
(c) $a \leq b$이고 $b \leq c$이면 $a \leq c$

을 만족할 때 관계 $\leq$을 부분순서라고 한다. 집합 A에 부분순서 $\leq$가 주어진 경우 A를 부분순서집합(partially ordered set)이라 하고 $(A, \leq)$로 나타낸다.

[보기 1] $X \neq \varnothing$일 때 $(\mathscr{P}(X), \subset)$는 부분순서집합이다.

[정의 7.2]

부분순서집합 $(A, \leq)$에 대하여 A의 임의의 두 원소가 비교가능(comparable)할 때, 즉

임의의 $a, b \in A$에 대하여 $a \leq b$ 또는 $b \leq a$

이 성립하면 $\leq$을 완전순서(total order) 또는 선형순서(linear order)라고 하며 $(A, \leq)$를 완전순서집합 또는 선형순서집합이라고 한다.

[보기 2] $(\mathbb{R}, \leq)$은 완전순서집합이다.

[정의 7.3]

부분순서집합 $(A, \leq)$에 대하여 $B \subset A$일 때 $(B, \leq)$가 완전순서집합이 되면 B를 A의 사슬(chain)이라고 한다.

[보기 3] $A = \{a, b, c, d, e, f, g\}$에서의 관계 $\leq$를 아래 그림과 같이 주어졌다고 하자. 여기서, $x \leq y$는 $x = y$이거나 화살표 방향이 x에서 y로 향하는 것을 의미한다.

(1) $(A, \leq)$는 부분순서집합이다.

(2) A의 부분집합 $\{a, c, d, f\}$, $\{b, d, f\}$, $\{a, d, g\}$, $\{a, d\}$, $\{c\}$, $\{e\}$는 사슬이지만 $\{a, b, c\}$, $\{d, e\}$, $\{f, g\}$는 사슬이 아니다.

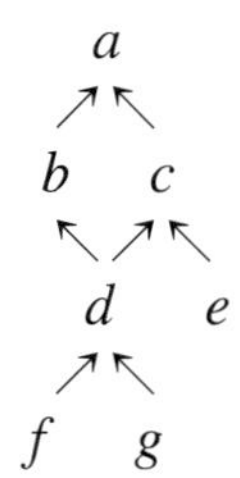

부분순서집합 $(A, \leq)$에서 $a \leq b$이고 $a \neq b$일 때 $a < b$ 또는 $b > a$로 나타내고, $a \leq b$은 $b \geq a$로 나타내기도 한다.

$b \in A$가 $a \in A$의 바로 뒤 원소(immediate successor) [a는 b의 바로 앞 원소(immediate predecessor)]라고 하는 것은 $a < b$이고, $a < c < b$인 $c \in A$가 존재하지 않을 경우이다.

[정의 7.4]

집합 A에서의 관계 $<$에 대하여 다음의 성질을 만족할 때 $<$을 단순순서(simple order)라고 한다.

(a) $x \neq y$인 임의의 $x, y \in A$에 대하여 $x<y$ 또는 $y<x$이 성립한다.

(b) 모든 $x \in A$에 대하여 $x \not< x$이다.

(c) $[(x<y) \wedge (y<z)] \Rightarrow (x<z)$

집합 A에 단순순서 $<$가 주어진 경우 A를 단순순서집합(simply ordered set)이라 하고 $(A, <)$로 나타낸다.

〈참고〉 만약 $x<y$이고 $y<x$이면 (c)에 의하여 $x<x$이 되어 (b)에 모순이 된다. 따라서 「(a) $x<y$ 또는 $y<x$」은 둘 중의 하나만 성립하는 것을 의미한다.

[보기 4] $(\mathbb{R}, <)$은 단순순서집합이다.

단순순서집합 $(A, <)$에 대하여 $a<b$인 $a, b \in A$라고 하면 a, b에 의하여 결정되는 구간(interval)은 열린구간(open interval), 반 열린구간(half-open interval), 닫힌구간(closed interval)으로 불리는 것으로 다음과 같다.

$$(a, b) = \{x \in A \mid a<x<b\}$$
$$(a, b] = \{x \in A \mid a<x \leq b\}$$
$$[a, b) = \{x \in A \mid a \leq x<b\}$$
$$[a, b] = \{x \in A \mid a \leq x \leq b\}$$

$A = \mathbb{R}$ 일 때는 늘 사용해왔던 기호이다.

[정의 7.5]

부분순서집합 $(A, \leq)$의 부분집합 B에 대하여 다음과 같이 정의한다.

(1) 임의의 $b \in B$에 대하여 $b \leq u$이 성립할 때 $u \in A$를 B의 상계(上界, upper bound)라고 한다. B가 상계를 가지면 B는 위로 유계(bounded above)라고 한다.

(2) 임의의 B의 상계 u에 대하여 $u_0 \leq u$이 성립하는 B의 상계 u_0를 B의 최소상계(最小上界, least upper bound) 또는 상한(supremum)이라고 하며, 각각 $\text{lub}\, B$와 $\sup B$로 표기한다. B가 유한집합일 경우에는 $\max B$로 표기하기도 한다.

(3) 임의의 $a \in A$에 대하여 $m \leq a$이면 $a = m$이 성립할 때 $m \in A$을 A의 극대원소(極大元素, maximal element)라고 한다. 즉, $m < a$인 $a \in A$는 존재하지 않는다.

(4) 임의의 $a \in A$에 대하여 $a \leq \mu$인 $\mu \in A$를 A의 최대원소(最大元素, greatest element)라고 한다.

위 정의의 쌍대 형식(dual form)은 다음과 같다.

[정의 7.6]

부분순서집합 $(A, \leq)$의 부분집합 B에 대하여 다음과 같이 정의한다.

(1) 임의의 $b \in B$에 대하여 $v \leq b$이 성립할 때 $v \in A$를 B의 하계(下界, lower bound)라고 한다. B가 하계를 가지면 B는 아래로 유계(bounded below)라고 한다.

(2) 임의의 B의 하계 v에 대하여 $v \leq v_0$이 성립하는 B의 하계 v_0를 B의 최대하계(最大下界, greatest lower bound) 또는 하한(infimum)이라고 하며, 각각 $\mathrm{glb}\, B$와 $\inf B$로 표기한다. B가 유한집합일 경우에는 $\min B$로 표기하기도 한다.

(3) 임의의 $a \in A$에 대하여 $a \leq n$이면 $a = n$이 성립할 때 $n \in A$을 A의 극소원소(極小元素, minimal element)라고 한다. 즉, $a < n$인 $a \in A$는 존재하지 않는다.

(4) 임의의 $a \in A$에 대하여 $v \leq a$인 $v \in A$를 A의 최소원소(最小元素, least element)라고 한다.

만일 부분순서집합 $(A, \leq)$의 어떤 부분집합 B가 상계와 하계를 가지면 B는 유계집합(bounded set)이라 한다.

부분순서집합 $(A, \leq)$에서 위로 유계인 공집합이 아닌 임의의 부분집합이 반드시 상한을 가지면 A는 완비(完備, complete)라고 한다. 이 말은 아래로 유계인 공집합이 아닌 임의의 부분집합이 하한을 갖는다는 말과 동치이다. 실수 전체의 집합 $(\mathbb{R}, \leq)$은 완비이다.

[보기 5] 집합 $X \neq \varnothing$에 대하여 $\mathfrak{I}$를 부분순서집합 $(\mathscr{P}(X), \subset)$의 부분집합이라면 $\sup \mathfrak{I} = \bigcup_{A \in \mathfrak{I}} A$이고 $\inf \mathfrak{I} = \bigcap_{A \in \mathfrak{I}} A$이다.

[보기 6] $A=\{a, b, c, d, e, f, g\}$ 에서의 관계를 아래 그림과 같이 주었다고 하자.

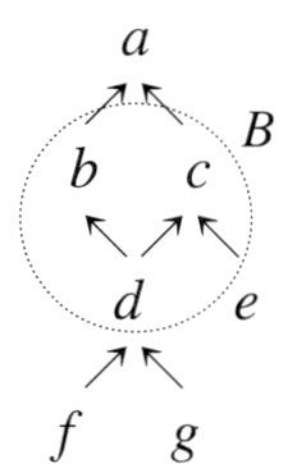

(1) a는 극대원소이고 e, f, g는 극소원소이다.

(2) a는 최대원소이고 최소원소는 존재하지 않는다.

(3) $B=\{b, c, d\}$ 일 때 a는 B의 상계이고 d, f, g는 B의 하계이다. B의 상한은 $a\notin B$이고 B의 하한은 $d\in B$이다.

[보기 7] 유리수의 집합 $\mathbb{Q}$ 에서 $B=\{x\in\mathbb{Q}\,|\,x>0,\ 2<x^2<3\}$ 일 때 B는 번호붙일 수 있는 무한 크기의 상계와 하계를 가지고 있으나 상한과 하한은 존재하지 않는다. 왜냐하면 $\sqrt{2},\ \sqrt{3}\notin\mathbb{Q}$ 이기 때문이다.

연습문제 7.1

1. $A=\{1, 2, 3, 4, 5, 6\}$ 일 때 "x는 y를 나눈다."로 정의한 관계는 A에서의 부분순서이지만 완전순서가 되지는 않음을 증명하여라.

2. (1) $(\mathbb{R}, \leq)$에 대하여 집합 $\mathbb{R}^2$에서의 관계 $\preccurlyeq$을 다음과 같이 정의하면 $(\mathbb{R}^2, \preccurlyeq)$은 부분순서집합임을 보여라.

$$(a_1, a_2)\preccurlyeq(b_1, b_2)\Leftrightarrow a_1\leq b_1,\ a_2\leq b_2$$

(2) $\mathbb{R}^2$의 대각선 $\Delta=\{(x, x)\,|\,x\in\mathbb{R}\}$ 은 $(\mathbb{R}^2, \preccurlyeq)$의 사슬임을 보여라.

3. $X=\{a, b, c\}$ 의 멱집합 $\mathscr{P}(X)$ 에 대하여 다음을 구하여라.

(1) 부분순서집합 $(\mathscr{P}(X), \subset)$ 의 부분집합 $\{\{a, b\}, \{c, a\}\}$ 의 상계, 하계, 최소상계, 최대하계

(2) $(\mathscr{P}(X), \subset)$ 의 극대원소, 극소원소, 최대원소, 최소원소

4. $A=\{1, 2, 3, 4, 5\}$ 에서의 관계를 아래 그림과 같이 주었다고 하자.

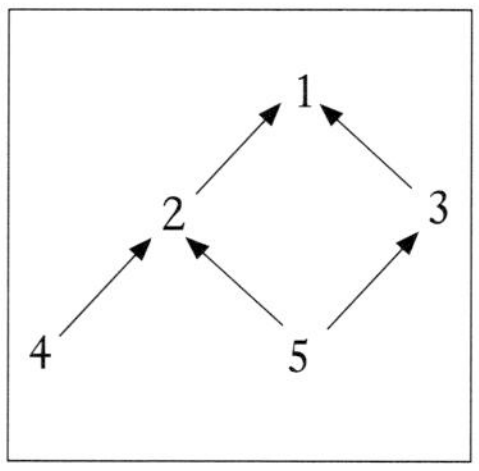

$\mathscr{H}$ 를 2개 이상의 원소를 가지는 A 의 사슬들의 모임이라 할 때 집합의 포함 관계에 의하여 순서가 주어진 부분순서집합 $\mathscr{H}$ 를 구하고, 이것을 다이어그램으로 나타내어라.

5. $W=\{1, 2, \cdots, 7, 8\}$ 에서의 관계를 아래 그림과 같이 주었다고 하자.

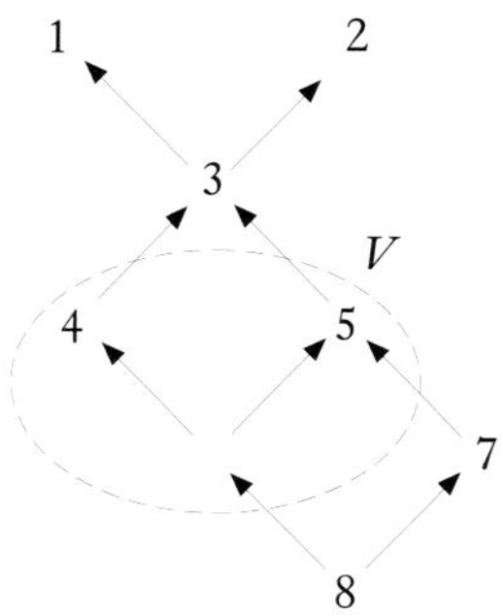

$V=\{4, 5, 6\} \subset W$ 에 대하여 다음을 구하여라.

(1) V 의 상계

(2) V 의 하계

(3) $\sup V$ 가 존재하는가? 만약 존재한다면 V 에 속하는가?

(4) $\inf V$ 가 존재하는가? 만약 존재한다면 V 에 속하는가?

7.2 격자(lattice)

[정의 7.7]

부분순서집합 $(A, \leq)$에 있어서 임의의 두 원소 $x, y \in A$에 대하여

$$x \vee y = \sup\{x, y\} \in A, \quad x \wedge y = \inf\{x, y\} \in A$$

이 성립할 때 $(A, \leq)$를 격자(lattice)라 한다. 여기서 $x \vee y$는 "x join y"로, $x \wedge y$는 "x meet y"라고 읽는다.

[보기 1] $(\mathscr{P}(X), \subset)$와 $(\mathbb{R}, \leq)$은 격자이다.

[보기 2] 완전순서집합 $(A, \leq)$은 격자이다.

【정리 7.1】

격자 $(A, \leq)$에 있어서 임의의 원소 $x, y, z \in A$에 대하여 다음이 성립한다.

(1) $x \leq x \vee y,\ y \leq x \vee y,\ x \wedge y \leq x,\ x \wedge y \leq y$

(2) $x \leq z$이고 $y \leq z$이면 $x \vee y \leq z$이다.
$z \leq x$이고 $z \leq y$이면 $z \leq x \wedge y$이다.

(3) $x \leq y \Leftrightarrow x \vee y = y, \quad x \leq y \Leftrightarrow x \wedge y = x$

증명 (1) 상한은 상계이고 하한은 하계이므로 분명하다.

(2) z는 x, y의 상계[하계]이고 $x \vee y$는 최소상계[$x \wedge y$는 최대하계]이다.

(3) 첫째 부분만 증명한다. $z = y$로 놓으면 (2)에 의하여 $x \vee y \leq y$이다. (1)에 의

하여 $y \le x \vee y$이므로 $x \vee y = y$이다. ■

【 정리 7.2 】

격자 $(A, \le)$에 있어서 임의의 원소 $x, y, z \in A$에 대하여 다음이 성립한다.

(1) $x \vee x = x,\ x \wedge x = x$

(2) $x \vee y = y \vee x,\ x \wedge y = y \wedge x$

(3) $(x \vee y) \vee z = x \vee (y \vee z),\ (x \wedge y) \wedge z = x \wedge (y \wedge z)$

(4) $(x \vee y) \wedge x = x,\ (x \wedge y) \vee x = x$

증명 (1)과 (2)는 정의로부터 분명하다.

(3)과 (4)는 첫째 부분만 증명한다.

(3) $x \le x \vee (y \vee z)$, $y \le y \vee z \le x \vee (y \vee z)$이므로 [정리 7.1]의 (2)번 성질에 의하여 $x \vee y \le x \vee (y \vee z)$이다. 그런데 $z \le y \vee z \le x \vee (y \vee z)$이므로

$$(x \vee y) \vee z \le x \vee (y \vee z)$$

이다. 마찬가지 방법으로 $x \vee (y \vee z) \le (x \vee y) \vee z$이 증명된다. 따라서

$$(x \vee y) \vee z = x \vee (y \vee z)$$

이다.

(4) $(x \vee y) \wedge x = x$이 성립함을 증명하기 위해서는 $x = \inf\{x \vee y, x\}$ 임을 보이면 충분하다. $x \le x \vee y$, $x \le x$이므로 x는 $\{x \vee y, x\}$의 하계이다. 만일 z가 $\{x \vee y, x\}$의 또 다른 하계이면 $z \le x$이므로 x는 $\{x \vee y, x\}$의 최대하계가 된다. 따라서 $x = \inf\{x \vee y, x\}$이다. ■

위 [정리 7.2]의 성질 (1)~(4)를 만족하는 두 연산 $\vee$와 $\wedge$이 집합 A에 주어졌다고 가정하자. 만약 A에서의 관계 $\le$가

$$x \le y \Leftrightarrow x \vee y = y$$

으로 정의되면 $\le$는 A에서의 부분순서관계이고 A는 격자가 됨을 증명할 수 있

다. 증명은 협동학습문제로 남겨둔다.

[정의 7.8]

격자 $(A, \leq)$에 있어서 $B \subset A$일 때 임의의 두 원소 $x, y \in B$에 대하여

$$x \vee y \in B, \quad x \wedge y \in B$$

이 성립할 때 B를 A의 부분격자(sublattice)라고 한다.

[정의 7.9]

다음의 성질을 갖는 격자 $(A, \leq)$를 부울 대수(Boolean algebra)라고 한다.

(1) 임의의 $x \in A$에 대하여 $x \vee 0 = x$와 $x \wedge 1 = x$을 만족하는 $0 \in A$과 $1 \in A$이 존재한다.

(2) 임의의 $x \in A$에 대하여 $x \wedge y = 0$과 $x \vee y = 1$을 만족하는 $y \in A$가 존재한다.

(3) 임의의 원소 $x, y, z \in A$에 대하여

$$x \vee (y \wedge z) = (x \vee y) \wedge (x \vee z)$$
$$x \wedge (y \vee z) = (x \wedge y) \vee (x \wedge z)$$

이다.

부울대수는 격자이고, 격자는 부분순서집합임을 유의하여야 한다.

[보기 3] 집합들의 모임 $\mathscr{C}$가 이항연산 $\cup$과 $\cap$, 여집합의 연산에 관하여 닫혀 있을 때 즉,

$$A, B \in \mathscr{C} \Rightarrow A \cup B \in \mathscr{C},\ A \cap B \in \mathscr{C}$$
$$A \in \mathscr{C} \Rightarrow A^c \in \mathscr{C}$$

이 성립할 때 $(\mathscr{C}, \subset)$은 집합의 부울 대수이다. 왜냐하면 7.1절의 [보기 1]과 [보기 5]에 의하여 $(\mathscr{C}, \subset)$이 격자가 됨은 쉽게 알 수 있고, [정리 3.4]에 의하여 [정의 7.9]의 조건 (1), (2), (3)이 만족되기 때문이다. 이 때 전체집합 U가 1, 공집합 $\varnothing$이 0에 해당된다.

연습문제 7.2

1. 격자 $(A, \leq)$에 대하여 다음이 성립함을 보여라.

$$a \leq b \text{이면 임의의 } x \in A \text{에 대하여 } a \vee x \leq b \vee x,\ a \wedge x \leq b \wedge x$$

이다.

2. 자연수의 집합 $\mathbb{N}$에서 임의의 $m, n \in \mathbb{N}$에 대하여

$$m \precsim n \Leftrightarrow m \text{은 } n \text{의 약수}$$

로 순서를 정의하면 $(\mathbb{N}, \precsim)$은 격자가 됨을 증명하여라.

7.3 정렬집합

[정의 7.10]

부분순서집합 $(A, \leq)$에 대하여 임의의 $\varnothing \neq B \subset A$가 최소원소를 가질 경우, 또 그 경우에 한하여 $(A, \leq)$를 정렬집합(well ordered set)이라 한다. 그리고 정렬집합 $(A, \leq)$에 대하여 관계 $\leq$를 정렬순서라고 한다.

정렬집합 $(A, \leq)$는 완전순서집합이다. 왜냐하면, 임의의 $a, b \in A$에 대하여 $\{a, b\}$는 최소원소를 가지므로 $a \leq b$ 또는 $b \leq a$이 성립하기 때문이다. 그러나 $(\mathbb{R}, \leq)$의 보기와 같이 완전순서집합이 정렬집합이 되지는 않는다.

아래 그림은 부분순서집합들 사이의 포함관계를 그림으로 나타낼 것이다.

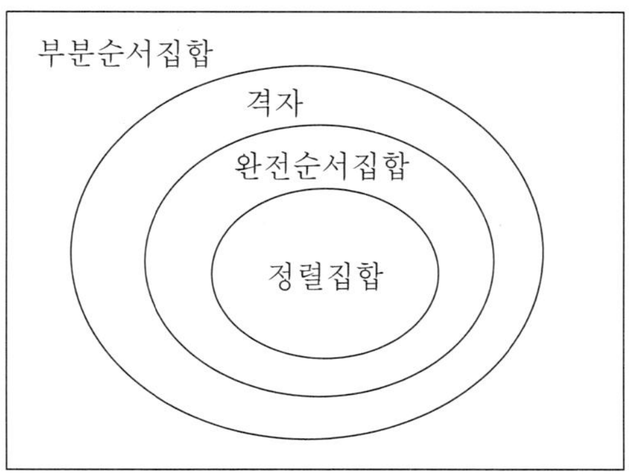

[보기 1] $(\mathbb{N}, \leq)$은 정렬집합이다.

[정의 7.11]

완전순서집합 $(A, \leq)$의 부분집합 S에 대하여

$$y \in S \text{이고 } x \leq y \text{인 임의의 } x \in A \text{에 대하여 } x \in S$$

이 성립하는 경우, 또 그 경우에 한하여 $S \subset A$를 A의 절편(segment)이라고 한다. 특히 $S \subsetneq A$일 때 S는 A의 진 절편(proper segment)이라고 한다.

[보기 2] 정렬집합 $(A, \leq)$에 대하여 다음은 모두 A의 절편이다.

$$\varnothing,\quad A,\quad A_x = \{a \in A \mid a < x\}\ (x \in A)$$

$\varnothing$과 A가 절편인 것은 분명하다. 각 원소 $x \in A$에 대하여 A_x가 절편인 것을 보이기 위하여 $y \in A_x$이고 $z \leq y$인 임의의 $z \in A$에 대하여 살펴보자. $y < x$이므로 $z < x$가 되어 $z \in A_x$임을 알 수 있다. 따라서 A_x는 A의 절편이다.

정렬집합 $(A, \leq)$와 임의의 원소 $x \in A$에 대하여 $A_x = \{a \in A \mid a < x\}$를 x의 앞 절편(initial segment)이라 한다.

【정리 7.3】

정렬집합 $(A, \leq)$에 대하여 다음이 성립한다.

1. A의 절편들의 합집합 또는 교집합은 모두 A의 절편이다.
2. A의 절편 S에 대하여 T를 S의 임의의 절편이라고 하면 T는 A의 절편도 된다.

3. 임의의 A의 절편 $S\,(S \neq A)$에 대하여 $S = A_x$을 만족하는 적당한 $x \in A$가 존재한다.

증명 1. A의 절편들의 모임을 $\mathfrak{I}$라 하고, $y \in \bigcup_{S \in \mathfrak{I}} S$라고 하자. $x \leq y$인 임의의 $x \in A$에 대하여 적당한 $S_0 \in \mathfrak{I}$가 존재하여 $y \in S_0$이므로 $x \in S_0 \subset \bigcup_{S \in \mathfrak{I}} S$이다. 따라서 $\bigcup_{S \in \mathfrak{I}} S$는 A의 절편이다.

A의 절편들의 교집합이 A의 절편임을 보이는 것도 비슷하다.

2. A의 절편 S에 대하여 T를 S의 임의의 절편이라 하자. 만약 $y \in T$이고 $x \leq y$인 $x \in A$이라고 하면 $T \subset S$이므로 $y \in S$이 되고, S는 A의 절편이므로 $x \in S$이 된다. 따라서 가정은 $y \in T$이고 $x \leq y$인 $x \in S$에 대하여로 전환되고, T가 S의 절편이므로 $x \in T$이다. 그러므로 T는 A의 절편이다.

3. A의 절편을 $S\,(S \neq A)$라고 하자. $S \neq \varnothing$인 경우에는 $A - S \neq \varnothing$이므로 최소원소 $x \in A - S$가 존재한다. 그러면 다음과 같은 이유로 $S = A_x$이다.

(i) 임의의 $y \in A_x$이면 $y < x$이고 x가 $A - S$의 최소원소이므로 $y \in S$이다. 따라서 $A_x \subset S$이다.

(ii) $S \subset A_x$을 보이기 위하여 $y \in S,\ y \not\in A_x$인 y가 존재한다고 가정하자. $y \geq x$이고 S는 A의 절편이므로 $x \in S$이다. 이것은 $x \in A - S$에 모순이다. 따라서 $S \subset A_x$이다.

$S = \varnothing$인 경우를 살펴보자. 정렬집합 A는 최소원소(실제로는 첫 원소) a_0을 가지므로 $S = A_{a_0}$인 것은 분명하다. ■

연습문제 7.3

1. A의 절편들의 교집합은 모두 A의 절편이 됨을 보여라.

2. 완전순서집합 $(A, \leq)$에 대하여 A의 원소로 이루어진 수열 $a_1, a_2, a_3, \cdots$이 $a_1 > a_2 > a_3 > \cdots$이면 이 수열은 순감소한다고 한다.

완전순서집합 $(A, \leq)$가 정렬집합이기 위한 필요충분조건은 순감소하는 무한수열을 가지지 않는 것임을 증명하여라.

3. 자연수의 집합 $(\mathbb{N}, \leq)$의 모든 절편을 구하여라.

4. $(A, \leq)$가 정렬집합일 때 임의의 $x \in A$에 대하여 $A_x \cup \{x\}$는 A의 절편임을 증명하여라.

7.4 초월귀납법

[수학적 귀납법(Mathematical Induction)] 자연수 n에 관한 명제술어 $p(n)$가 다음을 만족하면 모든 자연수 n에 대하여 $p(n)$는 참이다.

(i) $p(1)$이 참이다

(ii) 임의의 자연수 k에 대하여 $p(k) \Rightarrow p(k+1)$

수학적 귀납법을 다른 표현으로 바꾸어 쓰면 다음과 같다.

[수학적 귀납법] $S \subset \mathbb{N}$가 다음을 만족하면 $S = \mathbb{N}$이다.

(i) $1 \in S$

(ii) $k \in S \Rightarrow k+1 \in S$

자연수에 관한 체계를 페아노(Peano)는 다섯 개의 공리로 설명하였다. 수학적 귀납법의 원리는 그 중의 한 공리이다. 이 원리는 자연수 집합 $\mathbb{N}$이 정렬집합이라는 사실을 이용하여 증명할 수 있다. 다음은 모든 정렬집합에 적용되는 원리를 소개한다.

【정리 7.4】 초월귀납법(Transfinte Induction)

$(A, \leq)$를 정렬집합, $p(x)$는 $x \in A$에 대한 명제술어라고 하자. 임의의 $x \in A$와 $y < x$인 모든 y에 대하여 $p(y)$가 참이면 $p(x)$도 또한 참이 된다고 하자. 그러면 모든 $x \in A$에 대하여 $p(x)$는 참이다.

증명 $p(x)$가 거짓인 $x \in A$가 존재한다고 가정하고 $B = \{x \in A \mid p(x)$는 거짓$\}$이라고 하자. 그러면 $\varnothing \neq B \subset A$이고 $(A, \leq)$이 정렬집합이므로 B는 최소원소 $x_0 \in B$을 가진다. 따라서 $p(x_0)$는 거짓이다. 만약 $y \in A$이고 $y < x_0$이면 $y \notin B$이므로 $p(y)$는 참이 되고, 가정에 의하여 $p(x_0)$도 또한 참이다. 이것은 $p(x_0)$는 거짓이라는 것에 모순이다. 그러므로 모든 $x \in A$에 대하여 $p(x)$는 참이다. ■

초월귀납법을 다른 표현으로 바꾸어 쓰면 다음과 같다.

[초월귀납법] S가 정렬집합 $(A, \leq)$의 부분집합이라 할 때 다음을 만족하면 $S = A$이다.

(i) $a_0 \in S$

(ii) $A_x \subset S \Rightarrow x \in S$

여기서 a_0는 A의 첫 원소이다.

[보기 1] 모든 자연수 n에 대하여 다음 등식이 성립함을 수학적 귀납법으로 증명하여라.

$$1+2+3+\cdots+n = \frac{n(n+1)}{2}$$

풀이 모든 자연수 n에 관한 위의 등식을 나타내는 명제술어를 $p(n)$이라 하자.

(i) $n=1$ 일 때 $1=\dfrac{1(1+1)}{2}$ 이므로 $p(1)$ 은 참이다.

(ii) $n=k$ 일 때 $p(k)$ 가 참이라고 가정하면 즉,

$$1+2+3+\cdots+k=\frac{k(k+1)}{2}$$

이라고 가정하면

$$\begin{aligned}1+2+3+\cdots+k+(k+1) &= \frac{k(k+1)}{2}+(k+1)\\ &= \frac{k(k+1)}{2}+\frac{2(k+1)}{2}\\ &= \frac{(k+1)(k+2)}{2}\end{aligned}$$

이 되어 $p(k+1)$ 도 참이 된다. 그러므로 모든 자연수 n 에 대하여 $p(n)$ 은 참이다. □

[정의 7.12]

$(A, \leq)$ 와 $(B, \leq)$ 이 정렬집합이라고 하자. $f: A \to B$ 이 증가함수(increasing function)라고 하는 것은 임의의 $a, a' \in A$ 에 대하여 $a \leq a' \Rightarrow f(a) \leq f(a')$ 이 성립할 경우, 또 그 경우에 한한다.

위 정의에서 $a < a' \Rightarrow f(a) < f(a')$ 이 만족되면 $f: A \to B$ 는 순증가함수(strictly increasing function)라고 한다.

【정리 7.5】

정렬집합 $(A, \leq)$, $(B, \lesssim)$ 에 대하여 $f: A \to B$ 가 증가함수이고 $f(A)$ 는 B 의 절편이며 $g: A \to B$ 가 순증가함수이면 임의의 $x \in A$ 에 대하여 $f(x) \lesssim g(x)$

이 성립한다.

증명 임의의 $x \in A$에 대한 명제술어 $p(x)$를 "$f(x) \lesssim g(x)$"라고 하고, $x < a$인 모든 x에 대하여 $p(x)$가 참이지만 $p(a)$는 거짓인 적당한 $a \in A$가 존재한다고 가정하자. 그러면 $x < a \leq y$인 모든 x, y에 대하여

$$f(x) \lesssim g(x) < g(a) < f(a) \lesssim f(y)$$

이 되어 $f(x) < g(a) < f(y)$이 성립한다. 따라서 $g(a) \notin f(A)$이다. 이것은 $f(A)$는 B의 절편이라는 사실에 모순이다. 그러므로 임의의 $a \in A$와 $x < a$인 모든 x에 대하여 $p(x)$가 참이면 $p(a)$도 또한 참이다. 따라서 초월귀납법의 원리에 의하여 임의의 $x \in A$에 대하여 $p(x)$가 참, 즉 $f(x) \lesssim g(x)$이 성립한다. ■

연습문제 7.4

1. 모든 자연수 n에 대하여 다음 등식이 성립함을 수학적 귀납법으로 증명하여라.

$$1^2 + 2^2 + \cdots + n^2 = \frac{1}{6}n(n+1)(2n+1)$$

2. 모든 자연수 n과 두 변수 x, y에 대하여 다음 이항정리(binomial theorem)가 성립함을 수학적 귀납법으로 증명하여라.

$$(x+y)^n = C(n, 0)x^n + C(n, 1)x^{n-1}y + \cdots + C(n, r)x^{n-r}y^r + \cdots + C(n, n)y^n$$

협동학습문제 해답

1. 원소의 개수가 k 개 ($k=1, 2, 3, 4, 5$)일 때 전형적인 격자의 형태를 그림으로 그려 보아라.

풀이 ⟦ **격자 $(A, \leq)$는 부분순서집합으로서 임의의 두 원소 $x, y \in A$에 대하여**

$$x \vee y = \sup\{x, y\} \in A, \quad x \wedge y = \inf\{x, y\} \in A$$

이 성립하여야함을 유의하여야 한다. A의 원소가 3개 이하이면 완전순서집합일 때뿐이다. ⟧

(1) 원소의 개수가 1, 2, 3개인 경우는 완전순서집합인 경우에 해당한다. 임의의 완전순서집합 $(A, \leq)$에 대하여 $x \leq y$일 때 $x \vee y = y$, $x \wedge y = x$이기 때문에 $(A, \leq)$는 격자이다.

(2) 원소의 개수가 4개인 경우, 격자의 형태는 다음 두 가지 뿐이다.

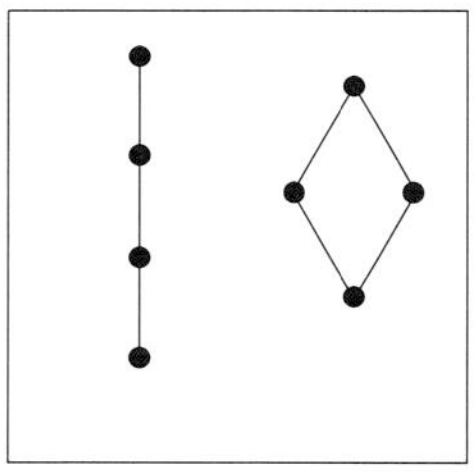

(3) 원소의 개수가 5개인 경우, 격자의 형태는 다음 다섯 가지 뿐이다.

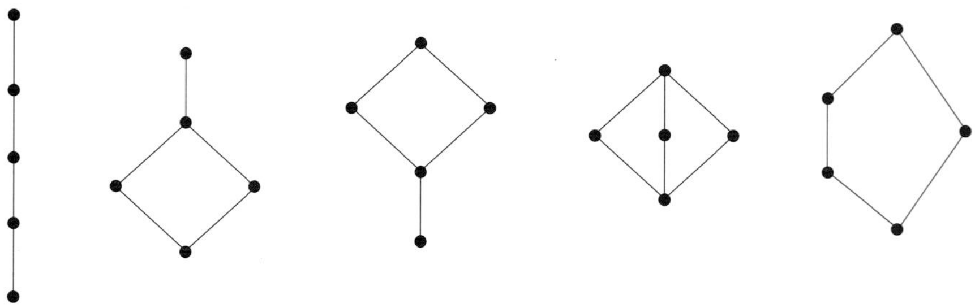

(i) (ii) (iii) (iv) (v) □

2. 임의의 원소 $x, y, z \in A$에 대하여

(1) $x \vee x = x,\ x \wedge x = x$

(2) $x \vee y = y \vee x,\ x \wedge y = y \wedge x$

(3) $(x \vee y) \vee z = x \vee (y \vee z),\ (x \wedge y) \wedge z = x \wedge (y \wedge z)$

(4) $(x \vee y) \wedge x = x,\ (x \wedge y) \vee x = x$

을 만족하는 두 연산 $\vee$와 $\wedge$이 집합 A에 주어졌다고 가정하자. 만약 A에서의 관계 $\leq$가

$$x \leq y \Leftrightarrow x \vee y = y$$

으로 정의되면 $\leq$는 A에서의 부분순서관계이고 $(A, \leq)$는 격자가 됨을 증명하여라.

풀이 **〚A에서의 관계 $\leq$가 반사적, 반 대칭적, 추이적임을 보이고, 임의의 두 원소 $x, y \in A$에 대하여**

$$x \vee y = \sup\{x, y\}\ ,\quad x \wedge y = \inf\{x, y\}$$

임을 보인다.〛

(a) 임의의 $x \in A$에 대하여 (1)에 의하여 $x \vee x = x$이므로 $x \leq x$이다. 따라서 $\leq$는 반사적이다.

(b) (2)에 의하여 $(x \leq y) \wedge (y \leq x) \Rightarrow (x \vee y = y) \wedge (y \vee x = x) \Rightarrow x = y$이 성립되어 $\leq$는 반 대칭적이다.

(c) (3)에 의하여

$$\begin{aligned}&(x \leq y) \wedge (y \leq z) \Rightarrow (x \vee y = y) \wedge (y \vee z = z)\\ &\Rightarrow x \vee z = x \vee (y \vee z) = (x \vee y) \vee z = y \vee z = z \Rightarrow x \leq z\end{aligned}$$

이 성립되어 $\leq$는 추이적이다.

(d) 임의의 두 원소 $x, y \in A$에 대하여

$$x \vee y = \sup\{x, y\}\ ,\quad x \wedge y = \inf\{x, y\}$$

임을 보인다.

$$\begin{aligned}x \vee (x \vee y) &= (x \vee x) \vee y = x \vee y,\\ y \vee (x \vee y) &= y \vee (y \vee x) = (y \vee y) \vee x = y \vee x = x \vee y\end{aligned}$$

이므로 $x \leq x \vee y,\ y \leq x \vee y$이다. 만약 $x \leq z,\ y \leq z$이라고 가정하면

$$x \vee z = z,\ y \vee z = z \ \Rightarrow\ (x \vee y) \vee z = x \vee (y \vee z) = x \vee z = z$$

이 되어 $x \vee y \le z$ 이다. 따라서 $x \vee y = \sup\{x, y\}$ 이다. 한편, (4)에 의하여

$$x \le y \ \Leftrightarrow\ x \wedge y = x \wedge (x \vee y) = x$$

이 성립하므로 쌍대 원리(duality principle)에 의하여 $x \wedge y = \inf\{x, y\}$ 이다. 그러므로 A 는 격자이다. □

3. S가 정렬집합 $(A, \le)$의 부분집합이라 하고, a_0를 A의 첫 원소라고 할 때

$$\text{(i)}\quad a_0 \in S$$
$$\text{(ii)}\quad A_x \subset S \Rightarrow x \in S\ (x \in A)$$

을 만족하면 $S = A$ 임을 증명하여라.

풀이 **〖정렬집합의 성질과 주어진 성질 (i)과 (ii)를 잘 이해하여 귀류법으로 증명한다.〗**

$S \ne A$ 라고 가정하고 $A - S = T$ 라고 하자. $\varnothing \ne T \subset A$ 이고 A 는 정렬집합이므로 T는 최소원소 t_0 를 갖는다. 그러면 $A_{t_0} \subset S$ 이고, (ii)의 성질에 의하여 $t_0 \in S$ 이다. 이것은 $t_0 \in A - S$ 에 모순이다. 따라서 $S = A$ 이다.

실제로 (i)의 성질은 (ii)의 성질의 한 결과이다. 왜냐하면

$$A_{a_0} = \varnothing \subset S \ \Rightarrow\ a_0 \in S$$

이 성립하기 때문이다. □

제 8 장

선택공리와 동치인 원리들

〈 학습목표 〉

선택공리와 그와 동치 원리인 하우스도르프의 극대원리, 조른의 보조정리, 제르멜로의 정렬원리를 소개한다. 또한 이 원리들과 집합론에 나오는 기존 원리들과의 관계에 관하여 소개한다.

토론과제

1. 선택공리와 하우스도르프의 극대원리, 조른의 보조정리, 제르멜로의 정렬원리를 이해하고 이 원리들 사이의 관계에 관하여 설명하여라. 또 이 원리들과 집합론에 나오는 기존 원리들과의 관계에 관하여 설명하여라.
2. 선택함수의 존재와 집합들의 데카르트 곱과의 관계에 관하여 설명하여라.

협동학습문제

1. 임의의 부분순서집합 $(A, \leq)$에는 극대 사슬이 존재함을 [정리 8.1]과 선택공리를 이용하여 증명하여라.

   ☞ **선택공리의 성질과 정리 8.1의 결과를 잘 이해하여 귀류법으로 증명한다.**

2. 조른의 보조정리가 성립하면 하우스도르프의 극대원리도 성립함을 [정리 8.5]와 [정리 8.6]에 의하지 않고 직접 증명하여라.

   ☞ **조른의 보조정리와 하우스도르프의 극대원리를 잘 이해하여야 한다.** $(A, \leq)$**를 부분순서집합이라 하고** A**의 모든 사슬의 집합을** Φ **라고 할 때 부분순서집합** $(\Phi, \subset)$**에 대하여 조른의 보조정리를 적용한다.**

8.1 선택공리

여러 바구니에 과일을 담아놓은 과일가게에 들어가 각 바구니에서 꼭 하나씩을 택하여 선물을 사는 것은 아주 쉬운 일이다. 그러나 무한개의 서로 소인 집합 $S_\alpha \neq \varnothing$ 에서 단 하나씩 택한 $x_\alpha \in S_\alpha$ 들을 성분으로 가지는 원소는 존재할 수 있을까? 많은 수학자들이 물음의 답을 구하려고 노력했으나 모두 실패하고 말았다. 제르멜로는 하나의 공리를 세움으로써 그 어려움을 피할 수 있을 것으로 믿었다.

[선택공리(Axiom of Choice)] **제르멜로(Zermelo)** 공집합이 아닌 집합들로 이루어진 모임 $\Phi(\Phi \neq \varnothing)$ 에 대하여 다음과 같이 정의된 선택함수(choice function) f 가 존재한다.

f 는 임의의 $A \in \Phi$ 에 대하여 $f(A) \in A$ 을 만족하는 함수 $f : \Phi \rightarrow \bigcup_{A \in \Phi} A$ 이다.

Φ 에서 정의된 선택함수 f 는 Φ 의 각 원소 A 에서 A 의 원소 하나씩을 선택하는 것을 의미한다.

선택공리를 다른 표현으로 바꾸어 쓰면 다음과 같다.

[선택공리] 공집합이 아닌 집합들로 이루어진 모임 $\Phi = \{A_\alpha \mid \alpha \in \Lambda\}$ $(\Phi \neq \varnothing)$ 에 대하여 Φ 의 데카르트 곱은 공집합이 아니다. 즉, $\prod_{\alpha \in \Lambda} A_\alpha \neq \varnothing$ 이다.

[보기 1] 공집합이 아닌 집합들로 이루어진 모임 $\Phi = \{A_1, A_2, \cdots, A_n\}$ 에 대하여

$$(a_1, a_2, \cdots, a_n) \in A_1 \times A_2 \times \cdots \times A_n$$

은 $a(A_1) = a_1 \in A_1$, $a(A_2) = a_2 \in A_2$, $\cdots$, $a(A_n) = a_n \in A_n$ 인 선택함수

$$a : \Phi \rightarrow A_1 \cup A_2 \cup \cdots \cup A_n$$

와 같다. 따라서 $\Phi = \{A_1, A_2, \cdots, A_n\}$ 에 대하여 선택함수가 존재한다는 것과 $A_1 \times A_2 \times \cdots \times A_n \neq \varnothing$ 이라는 것은 같은 의미이다.

연습문제 8.1

1. $\mathfrak{I}$를 집합 $X \neq \varnothing$ 의 분할이라 하자. 임의의 $C \in \mathfrak{I}$에 대하여 $C \cap R$이 한 원소집합이 되는 X의 부분집합 R이 존재함을 증명하여라. 이와 같은 R을 $\mathfrak{I}$에 대한 대표원소(representative)들의 집합이라 한다.

2. $f : A \rightarrow B$가 전사함수이면 $card\, B \leq card\, A$ 임을 증명하여라.

3. 공집합이 아닌 집합들로 이루어진 모임 $\Phi = \{A_\alpha \mid \alpha \in \Lambda\}$ $(\Phi \neq \varnothing)$에 대하여 Φ의 데카르트 곱은 공집합이 아님을 증명하여라. 즉, $\prod_{\alpha \in \Lambda} A_\alpha \neq \varnothing$ 이다.

8.2 하우스도르프의 극대원리

다음 정리는 선택공리와 다른 몇 개의 다른 원리들이 동치인 것을 밝히는 데 중요한 역할을 한다. 증명과정이 복잡하므로 증명은 생략한다.

【 정리 8.1 】

공집합이 아닌 부분순서집합 $(A, \leq)$에 대하여 A의 모든 사슬의 최소상계가 A에 존재한다고 하자. 만약 함수 $f : A \to A$가 임의의 $a \in A$에 대하여 $a \leq f(a)$을 만족하면 $f(p) = p$인 $p \in A$가 적어도 하나 존재한다.

하우스도르프의 극대원리는 [정리 8.1]과 선택공리를 이용하여 증명한다. 증명은 협동학습문제로 남겨둔다.

【 정리 8.2 】 하우스도르프의 극대원리(Hausdorff maximal principle)

임의의 부분순서집합 $(A, \leq)$에 대하여 A의 모든 사슬의 집합을 Φ라고 할 때 포함관계 $\subset$에 의하여 부분순서가 주어진 집합 $(\Phi, \subset)$은 극대원소를 가진다. 즉, 임의의 부분순서집합 $(A, \leq)$에는 극대 사슬(maximal chain)이 존재한다.

연습문제 8.2

1. [정리 8.2]에서의 부분순서집합 $(\Phi, \subset)$에 대하여 Φ_0을 Φ의 사슬이라고 할 때

$$T_0 = \cap \{T \in \Phi \mid \forall T' \in \Phi_0, T' \subset T\}$$

은 Φ_0의 최소상계임을 증명하여라.

2. $B \subset A$가 부분순서집합 $(A, \leq)$의 사슬이면 $B \subset C$인 극대 사슬 C가 존재함

을 증명하여라.

8.3 조른의 보조정리

하우스도르프의 극대원리를 이용하여 조른의 보조정리를 증명한다.

【정리 8.3】 조른의 보조정리(Zorn's lemma)

부분순서집합 $(A, \leq)$에 대하여 A의 임의의 사슬이 상계를 가지면 A는 극대원소를 가진다.

증명 하우스도르프의 원리에 의하여 부분순서집합 $(A, \leq)$는 집합의 포함관계 $\subset$에 의하여 극대 사슬 B를 가진다. 가정에 의하여 B는 상계 $u \in A$를 가진다. 이 u가 A의 극대원소임을 보인다. 만약 $u \leq x$인 $x \in A$가 존재하면 $B \cup \{x\}$는 하나의 사슬이고, $B \subset B \cup \{x\}$이다. 그런데 B는 극대 사슬이므로 $B \cup \{x\} = B$이 되어 $x \in B$이다. 따라서 $x \leq u$이다. 그러므로 $x = u$이 되어 u는 A의 극대원소이다. ■

[정리 8.3]은 부분순서집합에서의 극대원소의 존재를 주장하는 전형적인 존재명제(existential proposition)이다. 실제로 부분순서집합의 극대원소를 구할 수 있는 구성적 방법은 제시하지 못하고 있다.

다음 정리는 조른의 보조정리를 이용한 결과이다. 증명과정이 복잡하므로 증명은 생략한다.

【정리 8.4】

공집합이 아닌 집합 A, B에 대하여 A에서 B로의 단사함수 또는 B에서 A로의 단사함수가 존재한다. 즉, 다음이 성립한다.

$$card\ A \le card\ B \text{ 또는 } card\ B \le card\ A$$

[정리 8.4]의 결과에 의하여 서로 다른 기수 a, b에 대하여 $a<b$ 또는 $b<a$이 성립한다.

연습문제 8.3

1. 부분순서집합 $(A, \le)$에 대하여 A의 임의의 사슬이 하계를 가지면 A는 극소원소를 가짐을 증명하여라.

2. 임의의 집합 X에 대하여 $\mathfrak{I} \subset \mathscr{P}(X)$가 유한지표(finite character)를 갖는다고 말하는 것은 $A \in \mathfrak{I}$이기 위한 필요충분조건이 A의 모든 유한부분집합이 $\mathfrak{I}$에 속하는 경우를 의미한다. 임의의 집합 X에 대하여 $\mathfrak{I} \subset \mathscr{P}(X)$가 유한지표를 가지면 $(\mathfrak{I}, \subset)$에는 극대원소가 존재함을 증명하여라.

8.4 제르멜로의 정렬원리

다음 정리도 조른의 보조정리를 이용한 결과이다. 증명과정이 복잡하므로 증명은 생략한다.

【 정리 8.5 】 제르멜로의 정렬원리(Well-Ordering Principle of Zermelo)

임의의 집합은 정렬가능하다.

[정리 8.5]도 정렬순서를 줄 수 있는 구성적 방법은 제시하지 못하고 있다. 실제로 실수의 집합 $\mathbb{R}$ 조차도 정렬순서를 줄 수 있는 방법은 알려져 있지 않다.

【 정리 8.6 】

정렬원리가 참인 명제이면 선택공리도 참인 명제이다.

증명 $\Phi \neq \varnothing$ 을 공집합이 아닌 집합들의 모임이라고 하면 정렬원리에 의하여 $\bigcup_{A \in \Phi} A$ 에서의 정렬순서 $\leq$ 가 존재하여 $(\bigcup_{A \in \Phi} A, \leq)$ 은 정렬집합이 된다. 따라서 임의의 집합 $A \in \Phi$ 는 최소원소 $a_0 \in A$ 을 가진다. 그러므로 임의의 $A \in \Phi$ 에 대하여 $f(A) = a_0$ 로 정의된 함수 $f : \Phi \rightarrow \bigcup_{A \in \Phi} A$ 는 잘 정의된 선택함수이다. ■

[정리 8.2], [정리 8.3], [정리 8.5], [정리 8.6]에 의하여 선택공리와 나머지 세 원리가 서로 동치임을 증명하였다.

수학자 괴델과 코헨에 의하여 기존 집합론의 공리계에 선택공리를 더하여도 기존의 집합 이론에는 아무런 모순도 야기되지 않을 뿐만 아니라 실제로 선택공리는 기존의 공리계와는 독립적이라는 사실이 증명되었다.

연습문제 8.4

1. 유리수의 집합은 정렬가능함을 [정리 8.5]에 의하지 않고 직접 증명하여라.

2. 임의의 집합 X에 대하여 $A \subset X$가 정규집합(normal set)이라고 하는 것을 A에서의 적당한 정렬순서 $<$가 있어서 각 $a \in A$와 정렬집합 $(A, <)$의 절편 $S_A(a) = \{x \in A \mid x < a\}$에 대하여

$$f(X - S_A(a)) = a$$

을 만족하는 것으로 정의한다. 집합 X에는 정규인 부분집합이 존재하는 것을 보여라.

협동학습문제 해답

1. 임의의 부분순서집합 $(A, \leq)$에는 극대 사슬이 존재함을 [정리 8.1]과 선택공리를 이용하여 증명하여라.

풀이 **『선택공리의 성질과 [정리 8.1]의 결과를 잘 이해하여 귀류법으로 증명한다.』**

부분순서집합 $(A, \leq)$에 대하여 A의 모든 사슬의 집합을 Φ라고 하고, $(\Phi, \subset)$가 극대원소를 가지지 않는다고 가정하자. 그러면 임의의 $T \in \Phi$에 대하여 $T^* = \{T' \in \Phi \mid T \subset T'\}$이라고 하면 가정에 의하여 $T^* \neq \varnothing$이다. 이제 $\varphi = \{T^* \mid T \in \Phi\}$에 선택공리를 적용하면 임의의 $T^* \in \varphi$에 대하여 $f(T^*) \in T^*$을 만족하는 함수 $f : \varphi \rightarrow \bigcup_{T^* \in \varphi} T^*$가 존재한다. 따라서 임의의 $T \in \Phi$에 대하여 $g(T) = f(T^*)$로 정의된 함수 $g : \Phi \rightarrow \Phi$가 존재한다. 그런데 Φ의 임의의 사슬 $\mathfrak{I}$의 최소상계는 $\bigcup_{T \in \mathfrak{I}} T \in \Phi$이고, $f(T^*) \in T^*$이므로 $T \subset g(T^*)$이다. 따라서 [정리 8.1]에 의하여 $g(T) = T$인 $T \in \Phi$가 적어도 하나 존재한다. 이것은 임의의 $T \in \Phi$에 대하여 $T \subset g(T^*)$라는 사실에 모순이다. 그러므로 $(\Phi, \subset)$은 극대원소를 가진다. □

2. 조른의 보조정리가 성립하면 하우스도르프의 극대원리도 성립함을 [정리 8.5]와 [정리 8.6]에 의하지 않고 직접 증명하여라.

풀이 **『① 조른의 보조정리와 하우스도르프의 극대원리를 잘 이해하여야 한다.**
② $(A, \leq)$를 부분순서집합이라 하고 A의 모든 사슬의 집합을 Φ라고 하자. 부분순서집합 $(\Phi, \subset)$에 대하여 임의의 $\mathfrak{I} \in \Phi$가 상계를 가지는 것을 보인다. $K = \bigcup_{G \in \mathfrak{I}} G$이라고 할 때 $K \in \Phi$를 증명함으로써 K가 $\mathfrak{I}$의 상계임을 보인다.
③ $(\Phi, \subset)$에 조른의 보조정리를 적용한다.』

$(A, \leq)$를 부분순서집합이라 하고 A의 모든 사슬의 집합을 Φ라고 하자. 그러면 $(\Phi, \subset)$은 부분순서집합이 된다. 임의의 $\mathfrak{I} \in \Phi$에 대하여 $K = \bigcup_{G \in \mathfrak{I}} G$이라 하고, $K \in \Phi$을 보임으로써 K가 $\mathfrak{I}$의 상계임을 보인다. $K \subset (A, \leq)$이므로

$(k, \leq)$가 부분순서집합인 것은 분명하다. 이제 $x, y \in K$이라고 하자. 그러면 $x \in D$, $y \in E$를 만족하는 적당한 $D, E \in \mathfrak{J}$가 존재한다. 그런데 $\mathfrak{J}$는 사슬이므로 $D \subset E$ 또는 $E \subset D$가 성립한다. 만약 $D \subset E$이라고 하면 $x, y \in E$이 되고, E는 완전순서집합이므로 $x \leq y$ 또는 $y \leq y$이 된다. 따라서 K의 원소는 서로 비교가능하므로 $(k, \leq)$는 $(A, \leq)$의 완전순서부분집합, 즉 $K \in \Phi$이다. 그러므로 조른의 보조정리에 의하여 $(\Phi, \subset)$에는 극대 원소가 존재한다. □

제 9 장

순서수와 그 셈법

〈학습목표〉

순서수의 개념과 순서수 사이의 순서매김을 소개하고, 순서수의 셈법 — 덧셈, 곱셈 — 에 관하여 학습한다. 특히 초한순서수는 초한기수와는 분명히 다른 성질을 가지고 있음을 강조한다. 집합의 기수를 순서수를 이용하여 그 집합의 시수(initial ordinal)로 정의하는 방법과 부랄리-훠르티의 역설을 소개한다.

• 토론과제 •

1. 자연수와 유한기수, 유한순서수와의 관계를 설명하여라.
2. 기수와 순서수의 차이점은 무엇일까?
3. 주어진 집합과 대등한 순서수는 얼마나 많을까?

협동학습문제

1. 두 정렬집합 A와 B에 대하여 두 집합은 서로 순서동형이거나 어느 한 집합이 다른 집합의 앞 절편과 순서동형이 됨을 밝혀라.

☞
$$S = \{x \in A \mid \exists\, y \in B,\ A_x \approx B_y\}$$
$$T = \{y \in B \mid \exists\, x \in A,\ B_y \approx A_x\}$$

이라 하고, $S \approx T$임을 보인다. 이것을 이용하여 나타날 수 있는 S와 T의 형태를 찾아본다.

2. 임의의 순서수 α, β, γ에 대하여
$$[\alpha+\beta < \alpha+\gamma] \Leftrightarrow \beta < \gamma$$
이 성립함을 보여라.

☞ **직관에 의존하지 말고 순서수의 덧셈의 정의를 정확히 이해하여야 한다.**

3. $\mathbb{R}$의 시수를 Ω로 나타내면 Ω는 비가산집합의 첫 순서수가 됨을 증명하여라.

☞ **시수의 개념과 일반연속체가설의 내용을 잘 이해하여야 한다.**

4. 만약 A가 S_Ω의 가산부분집합이면 A는 S_Ω 내에 상계를 가짐을 증명하여라.

☞ **임의의 순서수 α을 S_α와 동일시하여**
$$\omega \equiv \{0,\ 1,\ 2,\ \cdots\},\quad \Omega \equiv S_\Omega$$
와 같이 순서수를 정렬집합으로 생각한다. S_Ω은 비가산집합임을 유의하여야 한다.

9.1 순서수의 개념

자연수는 하나, 둘, 셋과 같이 "세는 수"인 기능과 첫 번째, 두 번째, 세 번째와 같이 "차례나 순서를 나타내는 수"의 기능을 가지고 있다. "세는 수"와 관련된 개념이 「기수」라고 한다면, "차례나 순서"와 관련된 개념은 「순서수」라고 말할 수 있다. 「기수」가 '집합의 크기'에 대응된 개념이라면 「순서수」(ordinal number)는 자연수의 순서 개념을 자연스럽게 확장한 '정렬집합의 정렬순서'에 대응되는 개념이기 때문이다. 그런데 무한 정렬집합에는 첫 번째, 두 번째, 세 번째 등과 같이 n번째로는 도저히 나타내지 못하는 원소가 존재함을 유의하여야 한다. 원소가 나열된 순서를 그 집합에서의 순서로 생각할 때 무한 정렬집합 $\{1, 3, 5, \cdots; 2, 4, 6, \cdots\}$에서 $2, 4, 6, \cdots$ 이 바로 그러한 원소이다.

[정의 9.1]

정렬집합 $(A, \leq)$, $(B, \precsim)$에 대하여 전단사함수 $f: A \to B$가 존재하여

$$\forall x, y \in A, \quad [x \leq y \Rightarrow f(x) \precsim f(y)]$$

을 만족하면 함수 $f: A \to B$를 순서동형사상(order-isomorphism) 또는 닮음사상(similarity mapping)이라 한다. 이 때 A와 B는 순서동형(order-isomorphic) 또는 닮은(similar set) 집합이라 하고 $A \approx B$로 나타낸다.

정렬집합 $(A, \leq)$와 $(B, \precsim)$가 순서동형이라는 것은 두 집합이 대등하고, 함수 f에 의하여 주어진 순서가 그대로 보존된다는 것을 의미한다. 함수 $f: A \to B$가 순서동형사상이면 f가 단사이므로 순증가함수임을 알 수 있다.

기호 $f: A \approx B$는 "$f: A \to B$가 순서동형사상이므로 $A \approx B$"임을 나타내는 것으로 약속한다.

【 정리 9.1 】

정렬집합들의 모임 $\mathfrak{C}$ 에서의 관계 $\mathfrak{R}$을 다음과 같이 정의하면 $\mathfrak{R}$은 $\mathfrak{C}$ 에서의 동치관계이다.

$$\text{임의의 } X, Y \in \mathfrak{C} \text{ 에 대하여 } X\mathfrak{R}Y \Leftrightarrow X \approx Y$$

증명 임의의 $X \in \mathfrak{C}$ 에 대하여 $1_X : X \approx X$이다. 만약 $f : X \approx Y$이면 $f^{-1} : Y \approx X$이다. 또한 $f : X \approx Y$, $g : Y \approx Z$이면 $g \circ f : X \approx Z$이다. 그러므로 $\mathfrak{R}$은 $\mathfrak{C}$ 에서의 동치관계이다. ■

〈참고〉 엄밀히 말해서 "≈"는 모든 정렬집합들의 모임 $\mathfrak{C}$ 에서의 관계는 아니다. 그러나 임의로 주어진 정렬집합들의 모임 $\mathfrak{C}$ 위에서의 관계라는 뜻에서 "≈"을 하나의 관계로 본다.

집합들의 모임 $\mathfrak{C}$ 에서의 관계 "≈"은 동치관계이므로 $\mathfrak{C}/\approx$ 은 $\mathfrak{C}$ 의 하나의 분할이다. 분할 $\mathfrak{C}/\approx$ 의 원소, 즉 동치류를 순서수의 개념으로 보고 이론을 전개하는 방법도 있다. 그러나 여기서는 순서수를 명확히 정의하는 것보다는 다음 규칙을 따르는 개념으로 생각하기로 한다.

O1 임의의 정렬집합 $(A, \leq)$에 대하여 $\text{ord}(A, \leq)$로 표시되는 하나의 순서수가 대응되고, 임의의 순서수 α에 대하여 $\text{ord}(A, \leq) = \alpha$인 정렬집합 $(A, \leq)$가 존재한다.

O2 임의의 두 정렬집합 $(A, \leq)$, $(B, \precsim)$에 대하여 다음이 성립한다.
$(A, \leq) \approx (B, \precsim) \Leftrightarrow \text{ord}(A, \leq) = \text{ord}(B, \precsim)$

O3 $A = \varnothing \Leftrightarrow \text{ord}(A, \leq) = 0$

O4 임의의 정렬집합 $(A, \leq)$에 대하여 적당한 $k \in \mathbb{N}$가 존재하여
$A \sim \{1, 2, \cdots, k\}$ 이면 $\text{ord}(A, \leq) = k$이다.

위의 규칙 중 O3와 O4는 유한 정렬집합의 순서수에 대한 정의이다. 원소의

개수가 같은 두 유한 정렬집합은 순서동형이라는 사실에서 유래된다. 따라서 0과 임의의 자연수 n은 유한 정렬집합의 순서수임을 알 수 있다.

유한 정렬집합의 순서수를 유한순서수(finite ordinal number), 무한 정렬집합의 순서수를 초한순서수(transfinite ordinal number)라고 한다. O2에 의하여 순서동형적인 두 정렬집합은 그 순서수도 같음을 알 수 있다.

정렬집합의 순서가 표시되어 있지 않으면 원소가 나열된 순서를 그 집합의 순서를 나타내는 것으로 약속한다. 예를 들어 정렬집합 $A=\{3, 2, 1\}$의 첫 원소는 3이고, 마지막 원소는 1인 것으로 약속한다. 따라서 정렬집합 $(\mathbb{N}, \leq)=\{1, 2, 3, \cdots\}$과 $(\mathbb{N}, \precsim)=\{1, 3, 5, \cdots, 2, 4, 6, \cdots\}$은 순서동형이 아니다.

순서수의 개념을 보다 잘 이해하기 위하여 순서수의 순서와 셈법을 학습하도록 한다.

연습문제 9.1

1. 유한 정렬집합 $(A, \leq)$, $(B, \precsim)$에 대하여 A와 B가 대등하면 $(A, \leq)$와 $(B, \precsim)$는 순서동형임을 증명하여라.

2. 정렬집합 $(\mathbb{N}, \leq)=\{1, 2, 3, \cdots\}$과 $(\mathbb{N}, \precsim)=\{1, 3, 5, \cdots, 2, 4, 6, \cdots\}$은 순서동형이 아님을 증명하여라.

9.2 순서수의 순서매김(ordering)

[정의 9.2]

순서수 α, β와 정렬집합 $(A, \leq), (B, \precsim)$에 대하여

$$\text{ord}(A, \leq) = \alpha, \text{ord}(B, \precsim) = \beta$$

일 때 $(A, \leq)$가 $(B, \precsim)$의 절편과 순서동형인 경우, 또 그 경우에 한하여 "α는 β보다 작거나 같다." 또는 "β는 α보다 크거나 같다."라고 말하고 이것을 $\alpha \leqslant \beta$ 또는 $\beta \geqslant \alpha$로 나타낸다. 그리고 $\alpha \leqslant \beta$이고 $\alpha \neq \beta$일 때 $\alpha < \beta$ 또는 $\beta > \alpha$로 나타낸다.

위 정의는 순서수 α, β에 대응하여 대표로 택한 정렬집합 $(A, \leq), (B, \precsim)$와는 독립적임을 보여주어야 한다. 즉, $(A, \leq) \approx (A', \leq')$, $(B, \precsim) \approx (B', \precsim')$이고 $(A, \leq)$가 $(B, \precsim)$의 절편과 순서동형이면 $(A', \leq')$도 $(B', \precsim')$의 절편과 순서동형임을 보이면 충분하다. 증명은 연습문제로 남겨둔다.

【정리 9.2】

순서수에서의 관계 $\leqslant$에 대하여 다음이 성립한다.

(1) 임의의 순서수 α에 대하여 $\alpha \leqslant \alpha$이다.

(2) 임의의 순서수 α, β, γ에 대하여 $\alpha \leqslant \beta$이고 $\beta \leqslant \gamma$이면 $\alpha \leqslant \gamma$이다.

증명 (1) 정렬집합 $(A, \leq)$에 대하여 $\text{ord}(A, \leq) = \alpha$일 때 항등함수 $1_A : A \to A$는 $(A, \leq)$에서 $(A, \leq)$의 절편 위로의 순서동형사상이다.

(2) 정렬집합 $(A, \leq), (B, \precsim), (C, \precsim)$에 대하여

$$\mathrm{ord}(A, \le) = \alpha,\ \mathrm{ord}(B, \precsim) = \beta,\ \mathrm{ord}(C, \precsim) = \gamma$$

일 때 가정 $\alpha \preccurlyeq \beta$, $\beta \preccurlyeq \gamma$에 의하여 순서동형사상 $f : A \to D$, $g : B \to G$가 존재한다. 여기서 D, G는 각각 B, C의 절편이다. 그러므로 임의의 $x \in A$에 대하여 $h(x) = g \circ f(x)$로 정의된 $h : A \to G$는 A에서 G의 절편 E 위로의 순서동형사상이다. 그런데 E는 G의 절편이고 G는 C의 절편이므로 [정리 7.3]에 의하여 E는 C의 절편이다. 따라서 A는 C의 절편과 순서동형이므로 $\alpha \preccurlyeq \gamma$이다. ■

[보기 1] 정렬집합 $(\mathbb{N}, \le) = \{1, 2, 3, \cdots\}$와 $(\mathbb{N}, \precsim) = \{1, 3, 5, \cdots, 2, 4, 6, \cdots\}$에 대하여 $(\mathbb{N}, \precsim)$의 앞 절편 A_2은 $A_2 \approx (\mathbb{N}, \le)$이므로

$$\mathrm{ord}(\mathbb{N}, \le) \preccurlyeq \mathrm{ord}(\mathbb{N}, \precsim)$$

이다.

$(\mathbb{N}, \precsim) = \{1, 3, 5, \cdots, 2, 4, 6, \cdots\}$에서 원소 2는 첫 원소가 아니면서 바로 앞 원소를 가지지 않는다. 이러한 원소를 극한원소(limit element)라고 한다.

【정리 9.3】

임의의 정렬집합 $(A, \le)$에 대하여 $(A, \le)$에서 $(A, \le)$의 절편위로의 순서동형사상은 항등함수 $1_A : A \to A$뿐이다.

증명 A의 적당한 진 절편 A_a에 대하여 순서동형사상 $f : A \to A_a$가 존재한다고 가정하자. $f(a) < a$이므로 $B = \{x \in A \mid f(x) < x\} \neq \varnothing$이다. B의 최소원소를 b라고 하면 $f(b) < b$이고 f는 순서동형사상이므로 순증가함수, 즉 $f(f(b)) < f(b)$이다. 이것은 $f(b) \in B$이고 $f(b) < b$이므로 b가 B의 최소원소라는 사실에 모순이다. 그러므로 A에서 A의 진 절편위로의 순서동형사상은 존재하지 않는다.
이제 A에서 A의 절편위로의 순서동형사상은 항등함수 $1_A : A \to A$뿐임을 증명

한다. $g : A \rightarrow A$를 순서동형사상이라고 하면 1_A와 g는 순증가함수이므로 [정리 7.5]를 두 번 적용하면 임의의 $x \in A$에 대하여 $1_X(x) \le g(x) \le 1_X(x)$을 얻는다. 따라서 $g(x) = 1_X(x)$이므로 $g = 1_X$이다. ■

【 정리 9.4 】

임의의 순서수 α, β에 대하여 $\alpha \preccurlyeq \beta$이고 $\beta \preccurlyeq \alpha$이면 $\alpha = \beta$이다.

증명 정렬집합 $(A, \le)$, $(B, \precsim)$에 대하여 $\mathrm{ord}(A, \le) = \alpha$, $\mathrm{ord}(B, \precsim) = \beta$일 때 가정 $\alpha \preccurlyeq \beta$, $\beta \preccurlyeq \alpha$에 의하여 순서동형사상 $f : A \rightarrow D$, $g : B \rightarrow C$가 존재한다. 여기서 D, C는 각각 B, A의 절편이다. 그러므로 임의의 $x \in A$에 대하여 $h(x) = g \circ f(x)$로 정의된 $h : A \rightarrow C$는 A에서 C의 절편 E 위로의 순서동형 사상이다. 그런데 E는 C의 절편이고 C는 A의 절편이므로 [정리 7.3]에 의하여 E는 A의 절편이다. 따라서 [정리 9.3]에 의하여 $E = A$이고 E는 C의 절편이므로 $A \subset C$이다. 또 C는 A의 절편이므로 $C \subset A$이 되어 $C = A$이다. 그러므로 $g : B \approx A$이고 $\alpha = \beta$이다. ■

[정리 9.2]와 [정리 9.4]에 의하여 $\preccurlyeq$은 부분순서관계임을 알 수 있다. 엄밀히 말해서 $\preccurlyeq$은 관계가 아니다. 부랄리-훠르티의 역설에 의하면 모든 순서수의 집합은 존재하지 않기 때문이다. 그러나 여기서는 임의로 주어진 순서수들의 모임 위에서의 관계라는 뜻에서 $\preccurlyeq$을 하나의 관계로 본다.

다음 정리에 의하여 순서수에서의 관계 $\preccurlyeq$이 완전순서를 이루는 것을 알 수 있다. 증명과정이 복잡하므로 증명은 생략한다.

【 정리 9.5 】

임의의 순서수 α, β에 대하여 $\alpha \preccurlyeq \beta$ 또는 $\beta \preccurlyeq \alpha$이다.

관계 $\preccurlyeq$ 의 정의와 규칙 O2에 의하여 다음을 얻는다.

【 정리 9.6 】

정렬집합 $(A, \leq)$, $(B, \lesssim)$에 대하여 A가 B의 진 절편과 순서동형인 경우, 또 그 경우에 한하여 $\mathrm{ord}(A, \leq) < \mathrm{ord}(B, \lesssim)$이다.

위의 결과를 요약하여 다음 정리를 얻는다.

【 정리 9.7 】 삼분법 정리

임의의 순서수 α, β에 대하여 다음 중 어느 하나만이 참이다.

(1) $\alpha < \beta$ (2) $\alpha = \beta$ (3) $\alpha > \beta$

관습상 $\mathrm{ord}(\mathbb{N}, \leq) = \mathrm{ord}\{1, 2, 3, \cdots\} = \omega$ (그리스어 "오메가")로 나타낸다.

연습문제 9.2

1. $\mathrm{ord}\{1, 2, 3, \cdots\} < \mathrm{ord}\{1, 3, 5, \cdots, 2, 4, 6, \cdots\}$ 임을 증명하여라.

2. 임의의 자연수 k에 대하여 다음을 증명하여라.

   (1) $\mathrm{ord}\{k, k+1, k+2, \cdots\} = \omega$

   (2) $\mathrm{ord}\{k, k+1, k+2, \cdots, 0, 1, 2, \cdots, k-1\} > \omega$

3. 가장 작은 초한순서수는 ω임을 보여라.

4. 정렬집합 $(A, \leq)$에 대하여 A의 서로 다른 앞 절편들은 순서동형일 수가 없음을 밝혀라.

5. 두 정렬집합 A, B에 대하여 A의 앞 절편 A_a가 B의 앞 절편과 순서동형이라고 하면 A_a와 순서동형인 B_b는 유일하게 존재함을 증명하여라.

6. A의 앞 절편 A_a가 B의 앞 절편 B_b와 순서동형이 되는 두 정렬집합 A, B에 대하여 A_a의 앞 절편은 B_b의 적당한 앞 절편과 순서동형이 되는 것, 즉 임의의 $a' \leq a$에 대하여 적당한 $b' \lesssim b$가 존재하여 $A_{a'} \approx B_{b'}$이 성립함을 밝혀라.

7. $(A, \leq) \approx (A', \leq')$, $(B, \lesssim) \approx (B', \lesssim')$이고 $(A, \leq)$가 $(B, \lesssim)$의 절편과 순서동형이면 $(A', \leq')$도 $(B', \lesssim')$의 절편과 순서동형임을 보여라.

9.3 순서수의 덧셈

[정의 9.3]

서로 소인 정렬집합 $(A, \leq)$, $(B, \lesssim)$에 대하여 $A \cup B$의 완전순서 $\leq'$을 다음과 같이 정의한다.

(1) $a, b \in A$일 때 $a \leq b \Leftrightarrow a \leq' b$

(2) $a, b \in B$일 때 $a \lesssim b \Leftrightarrow a \leq' b$

(3) $a \in A,\ b \in B \Rightarrow a \leq' b$

위 정의에서 관계 $\leq'$은 A와 B에서는 모든 원소가 원래의 순서를 그대로 보

존하며 B의 임의의 원소가 A의 모든 원소보다 뒤에 온다는 것을 의미한다. 따라서 자연스럽게 $(A \cup B, \leq')$는 정렬집합이 된다. $A \cap B \neq \varnothing$인 경우에는 $A \times \{0\}$, $B \times \{1\}$ 에서의 정렬관계 $\leq_0$, $\precsim_1$을

$$(a, 0) \leq_0 (b, 0) \Leftrightarrow a \leq b, \quad (c, 1) \precsim_1 (d, 1) \Leftrightarrow c \precsim d$$

로 정의하면 $A \times \{0\} \cap B \times \{1\} = \varnothing$ 이고

$$(A \times \{0\}, \leq_0) \approx (A, \leq), \quad (B \times \{1\}, \precsim_1) \approx (B, \precsim)$$

이다. 그러므로 $A \cap B \neq \varnothing$인 경우에는 $(A, \leq)$와 $(B, \precsim)$ 대신에 $(A \times \{0\}, \leq_0)$와 $(B \times \{1\}, \precsim_1)$을 각각 이용하면 된다.

[정의 9.4] 순서수의 덧셈

$A \cap B = \varnothing$인 정렬집합 $(A, \leq)$와 $(B, \precsim)$에 대하여

$$\operatorname{ord}(A, \leq) = \alpha, \quad \operatorname{ord}(B, \precsim) = \beta$$

일 때 $\operatorname{ord}(A \cup B, \leq')$을 α와 β의 순서수 합(ordinal sum)이라 하고, $\alpha + \beta$로 나타낸다.

다음 정리에 의하여 순서수 합이 잘 정의되었음을 알 수 있다. 순서의 보존성을 제외하고는 [정리 6.5]와 비슷하므로 증명은 생략한다.

【정리 9.8】

정렬집합 $(A_1, \leq_1)$, $(A_2, \leq_2)$, $(B_1, \precsim_1)$, $(B_2, \precsim_2)$에 대하여 다음이 성립한다.

$$A_1 \approx A_2,\ B_1 \approx B_2,\ A_1 \cap B_1 = \varnothing,\ A_2 \cap B_2 = \varnothing$$
$$\Rightarrow (A_1 \cup B_1, \leq_1{}') \approx (A_2 \cup B_2, \leq_2{}')$$

[보기 1] 두 유한 순서수 5와 4의 순서수 합 5+4를 구하여라.

풀이 $5 = \mathrm{ord}\{0, 1, 2, 3, 4\}$, $4 = \mathrm{ord}\{5, 6, 7, 8\}$ 일 때
$5+4 = \mathrm{ord}\{0, 1, 2, \cdots, 8\} = 9$ 이다. □

[보기 2] 임의의 유한 순서수 $k \neq 0$에 대하여 $k+\omega = \omega$이지만 $\omega+k \neq \omega$임을 보여라. 순서수의 합은 반드시 교환법칙이 성립하지는 않음을 유의하여야 한다.

풀이 $k = \mathrm{ord}\{0, 1, 2, \cdots, k-1\}$, $\omega = \mathrm{ord}\{k, k+1, k+2, \cdots\}$ 일 때
$k+\omega = \mathrm{ord}\{0, 1, 2, \cdots, k-1, k, k+1, \cdots\} = \omega$ 이지만
$\omega+k = \{k, k+1, k+2, \cdots, 0, 1, 2, \cdots, k-1\} > \omega$ 이다. □

【정리 9.9】

임의의 순서수 α, β, γ에 대하여 다음이 성립한다.

1. [결합법칙] $(\alpha+\beta)+\gamma = \alpha+(\beta+\gamma)$
2. [좌 보존법칙] $\beta < \gamma \Rightarrow \alpha+\beta < \alpha+\gamma$
3. [좌 소거법칙] $\alpha+\beta = \alpha+\gamma \Rightarrow \beta = \gamma$

증명 1. 순서수 합의 정의와 합집합에 관한 성질에 의하여 분명하다.
2. $A \cap B = \varnothing$, $A \cap C = \varnothing$ 인 정렬집합 $(A, \leq)$, $(B, \precsim)$, $(C, \leq')$에 대하여 $\mathrm{ord}(A, \leq) = \alpha$, $\mathrm{ord}(B, \precsim) = \beta$, $\mathrm{ord}(C, \leq') = \gamma$ 일 때 [정리 9.6]에 의하여 B

가 C의 진 절편 C_z와 순서동형이므로 순서동형사상 $g : B \to C_z$가 존재한다. 위의 [정의 9.4]에 따라 $A \cup B$와 $A \cup C$에 순서를 정의하고, 함수 $f : A \cup B \to A \cup C$를

$$f(x) = \begin{cases} x, & x \in A \\ g(x), & x \in B \end{cases}$$

으로 정의하면 $f : A \cup B \approx A \cup C_z$가 되어 $\alpha + \beta < \alpha + \gamma$이다.

3. 결론을 부정하여 $\beta \neq \gamma$, $\beta < \gamma$라고 하자. 그러면 2번 성질에 의하여 $\alpha + \beta < \alpha + \gamma$이 되어 가정에 모순이다. $\gamma < \beta$인 경우에도 마찬가지이다. 그러므로 좌소거법칙은 성립한다. ■

[보기 3] $2 + \omega = \omega = 3 + \omega$이지만 $2 \neq 3$이 되어 우 소거법칙은 성립하지 않는다. 또한 $2 < 3 \Rightarrow 2 + \omega \nless 3 + \omega$임을 유의하여야 한다.

연습문제 9.3

1. 임의의 순서수 α에 대하여 $\alpha + 0 = 0 + \alpha = \alpha$임을 보여라.

2. 임의의 순서수 α에 대하여 $\alpha < \alpha + 1$임을 증명하여라.

3. 순서수 α, β에 대하여 $\alpha \leqslant \beta$이면 $\alpha + \gamma = \beta$인 순서수 $\gamma > 0$가 일의적으로 존재함을 증명하여라.

4. 순서수 중에는 다른 어느 순서수보다도 큰 순서수, 즉 최대순서수가 존재하는가?

9.4 순서수의 곱셈

[정의 9.5]

정렬집합 $(A, \le)$, $(B, \precsim)$에 대하여 $A\times B$에서의 사전식 순서(lexicographic ordering) $\le^*$을 다음과 같이 정의한다. 임의의 $a, x\in A$, $b, y\in B$에 대하여

(1) $a<x \Rightarrow (a, b)\le^*(x, y)$

(2) $[(a=x)\wedge(b\precsim y)] \Rightarrow (a, b)\le^*(x, y)$

【정리 9.10】

정렬집합 $(A, \le)$, $(B, \precsim)$에 대하여 $A\times B$에서의 사전식 순서는 정렬순서이다.

증명 $\le^*$가 $A\times B$에서의 완전순서인 것은 분명하다. $\le^*$가 정렬순서임을 보이기 위하여 임의의 $\varnothing\ne S\subset A\times B$에 대하여 S가 최소원소를 가지는 것을 보인다. 집합 $P=\{x\in A\mid \exists\, y\in B, (x, y)\in S\}$라고 하면 $P\ne\varnothing$이고 P는 정렬집합 A의 부분집합이므로 최소원소 a을 가진다. 이제 집합 $\{y\in B\mid (a, y)\in S\}$을 생각하면 이 집합도 정렬집합 B의 부분집합이므로 최소원소 b를 가진다. 그러면 (a, b)가 S의 최소원소인 것은 분명하다. 그러므로 $A\times B$에서의 사전식 순서 $\le^*$은 정렬순서이고 $(A\times B, \le^*)$은 정렬집합이다. ■

[정의 9.6] 순서수의 곱셈

정렬집합 $(A, \le)$, $(B, \precsim)$에 대하여 $\mathrm{ord}(A, \le)=\alpha$, $\mathrm{ord}(B, \precsim)=\beta$일 때 $\mathrm{ord}(A\times B, \le^*)$을 β와 α의 순서수 곱(ordinal product)이라 하고, $\beta\alpha$로 나타낸다. $\le^*$은 사전식 순서이다.

다음 정리에 의하여 순서수 곱이 잘 정의되었음을 알 수 있다.

【정리 9.11】

정렬집합 $(A_1, \leq_1)$, $(A_2, \leq_2)$, $(B_1, \lesssim_1)$, $(B_2, \lesssim_2)$에 대하여 $A_1 \approx A_2$이고 $B_1 \approx B_2$이면 $(A_1 \times B_1, \leq_1^*) \approx (A_2 \times B_2, \leq_2^*)$이다.

증명 $f : A_1 \approx A_2$, $g : B_1 \approx B_2$일 때 임의의 $(x, y) \in A_1 \times B_1$에 대하여

$$(f \times g)(x, y) = (f(x), g(y))$$

로 정의하면 $f \times g : A_1 \times B_1 \approx A_2 \times B_2$이다. 그러므로

$$(A_1 \times B_1, \leq_1^*) \approx (A_2 \times B_2, \leq_2^*)$$

이다. ■

[보기 1] 순서수 곱 $2\omega \neq \omega 2$임을 보여라. 순서수의 곱은 교환법칙이 성립하지 않음을 유의하여야 한다.

풀이 $(A, \leq) = \{1, 2, 3, \cdots\}$, $(B, \leq) = \{0, 1\}$로 놓으면

$$\text{ord}(A, \leq) = \omega, \quad \text{ord}(B, \leq) = 2$$

이고,

$$2\omega = \text{ord}(A \times B, \leq^*) = \{(1, 0), (1, 1), (2, 0), (2, 1), (3, 0), (3, 1), \cdots\},$$
$$\omega 2 = \text{ord}(B \times A, \leq^*) = \{(0, 1), (0, 2), (0, 3), \cdots, (1, 1), (1, 2), (1, 3), \cdots\}$$

이다. 그런데 함수

$$f(j, k) = \begin{cases} 2j - 1, & k = 0 \\ 2j, & k = 1 \end{cases}$$

으로 정의하면 $f: A\times B \approx A$ 이므로 $2\omega=\omega$ 이고 $\omega 2=\omega+\omega$ 가 되어 $2\omega<\omega 2$ 이다. □

다음은 [정리 6.7]과 순서수의 합과 곱의 정의에 의하여 분명하다.

【 정리 9.12 】

임의의 순서수 α, β, γ 에 대하여 다음이 성립한다.

1. [결합법칙] $(\gamma\beta)\alpha=\gamma(\beta\alpha)$
2. [좌 분배법칙] $\gamma(\alpha+\beta)=\gamma\alpha+\gamma\beta$

【 정리 9.13 】

임의의 순서수 $\alpha, \beta, \gamma(\gamma>0)$ 에 대하여 다음이 성립한다.

1. [좌 보존법칙] $\alpha<\beta \Rightarrow \gamma\alpha<\gamma\beta$
2. [좌 소거법칙] $\gamma\alpha=\gamma\beta \Rightarrow \alpha=\beta$

증명 1. 정렬집합 $(A, \leq)$, $(B, \precsim)$, $(C, \leq')$ 에 대하여 $\mathrm{ord}(A, \leq)=\alpha$, $\mathrm{ord}(B, \precsim)=\beta$, $\mathrm{ord}(C, \leq')=\gamma$ 일 때 $\alpha<\beta$ 이므로 $A\approx B_p=\{x\in B \mid x<p\}$ 인 적당한 원소 $p\in B$ 가 존재한다. 곱집합들에 사전식 순서를 부여하면 $A\times C\approx B_p\times C$ 이다. 그런데 C 의 최소원소를 q 라고 하면

$$B_p\times C=(B\times C)_{(p,\, q)}=\{(x,\, y)\in B\times C \mid (x,\, y)\leq^{*}(p,\, q)\}$$

이므로 $A\times C\approx(B\times C)_{(p,\, q)}$ 이다. 따라서 $\gamma\alpha<\gamma\beta$ 이다.

2. 결론을 부정하여 $\alpha\neq\beta$, $\alpha<\beta$ 이라고 하자. 그러면 1번 성질에 의하여 $\gamma\alpha<\gamma\beta$ 이 되어 가정에 모순이다. $\beta<\alpha$ 인 경우에도 마찬가지이다. 그러므로 좌 소거법칙이 성립한다. ■

[보기 2] $(2+3)\omega = 5\omega = \omega$ 이지만 $2\omega + 3\omega = \omega + \omega = w2 > \omega$ 이므로 $(2+3)\omega \neq 2\omega + 3\omega$ 이 되어 우 분배법칙은 성립하지 않는다. 또한 $2\omega = 3\omega$ 이지만 $2 \neq 3$ 이 되어 우 소거법칙도 성립하지 않는다.

연습문제 9.4

1. 다음이 성립함을 보여라.
   (1) 임의의 순서수 α 에 대하여 $0\alpha = 0 = \alpha 0$ 이고, $1\alpha = \alpha = \alpha 1$ 이다.
   (2) $\alpha = 0$ 또는 $\beta = 0$ 인 경우, 또 그 경우에 한하여 $\alpha\beta = 0$ 이다.

2. 임의의 $\gamma > 0$ 에 대하여 $\alpha < \beta \Rightarrow \alpha\gamma < \beta\gamma$ 이 성립한다는 것은 참인 명제가 아님을 보여라.

9.5 시수로서의 기수

순서수의 거듭제곱에 관한 설명은 좀 더 높은 수준의 과정으로 미룬다. 9.2절에서 순서수에서의 관계 $\leqslant$ 이 완전순서를 이루는 것을 보았다. 이 절에서는 순서수들의 순서매김을 조금 더 학습하고, 기수를 순서수의 이론적 관점에서 살펴보기로 한다.

【 정리 9.14 】

임의의 순서수 α에 대하여 $S_\alpha = \{\beta \mid \beta$는 순서수, $\beta < \alpha\}$는 정렬집합이고 $\mathrm{ord}(S_\alpha) = \alpha$이다.

증명 순서수 α에 대하여 $\mathrm{ord}(A, \leq) = \alpha$인 정렬집합을 $(A, \leq)$라고 하자. $\beta < \alpha$인 임의의 순서수 β와 $\mathrm{ord}(B, \precsim) = \beta$인 정렬집합 $(B, \precsim)$에 대하여 $\beta < \alpha$이므로 $B \approx A_p$인 적당한 원소 $p \in A$가 존재한다. 그런데 [정리 9.3]으로부터 원소 $p \in A$는 β에 의하여 일의적으로 정해지므로 $f(\beta) = p$로 정의된 함수

$$f : S_\alpha \to A$$

는 잘 정의된 순서동형사상이 됨을 쉽게 알 수 있다. 즉,

$$S_\alpha \approx (A, \leq)$$

이다. 그러므로 S_α는 정렬집합이고 $\mathrm{ord}(S_\alpha) = \mathrm{ord}(A, \leq) = \alpha$이다. ■

$\mathrm{ord}(S_\alpha) = \alpha$이므로 임의의 순서수 α을 S_α와 동일시하여 순서수를 정렬집합으로 생각하면 편리하다. 즉 다음과 같이 생각한다.

$$
\begin{aligned}
&0 \equiv \varnothing \\
&1 \equiv \{0\} \\
&2 \equiv \{0, 1\} \\
&3 \equiv \{0, 1, 2\} \\
&\vdots \\
&\omega \equiv \{0, 1, 2, \cdots\} \\
&\omega+1 \equiv \{0, 1, 2, \cdots, \omega\} \\
&\omega+2 \equiv \{0, 1, 2, \cdots, \omega, \omega+1\} \\
&\vdots \\
&\omega 2 \equiv \{0, 1, 2, \cdots, \omega, \omega+1, \cdots\} \\
&\omega 2+1 \equiv \{0, 1, 2, \cdots, \omega, \omega+1, \cdots, \omega 2\} \\
&\vdots
\end{aligned}
$$

【 정리 9.15 】

순서수로 이루어진 집합은 어느 것이나 모두 정렬집합이다.

증명 순서수로 이루어진 집합 A가 존재하여 A는 정렬집합이 아니라고 가정하자. 그러면 적당한 $\varnothing \neq B \subset A$가 있어서 B는 최소원소를 가지지 않는다. 따라서 B는 무한 순서수 수열 $\alpha_1 > \alpha_2 > \alpha_3 > \cdots$ 을 포함하여야 한다. 그런데 $C = \{\alpha_2, \alpha_3, \cdots\} \subset S_{\alpha_1}$ 이고 C는 최소원소를 가지지 않으므로 S_{α_1}은 정렬집합이 아니다. 이것은 [정리 9.14]에 모순이다. 따라서 순서수의 집합은 모두 정렬집합이다. ■

순서수를 정렬집합으로 생각할 때 자연수의 집합 $\mathbb{N}$과 대등한 순서수들의 집합 $\mathscr{N}$은 다음과 같은 원소들을 포함하고 있다.

$$\omega,\ \omega+1,\ \omega+2,\ \cdots,\ \omega+\omega=\omega 2,\ \omega 2+1,\ \omega 2+2,\ \cdots,\ \omega 3,\ \cdots,$$
$$\omega 4,\ \cdots,\ \omega\omega=\omega^2,\ \omega^2+1,\ \cdots,\ \omega^2+\omega,\ \cdots,\ \omega^2+\omega+1,\ \cdots,$$
$$\omega^2+\omega 2,\ \cdots,\ \omega^2+\omega 3,\ \cdots,\ \omega^2+\omega^2=\omega^2 2,\ \cdots,\ \omega^2 3,\ \cdots\ \omega^2\omega=\omega^3,\ \cdots,$$
$$\omega^3,\ \omega^3+1,\ \cdots,\ \omega^4,\ \cdots,\ \omega^\omega,\ \cdots,\ (\omega^\omega)^\omega,\ \cdots,\ ((\omega^\omega)^\omega)^\omega,\ \cdots,\ \varepsilon_0,\ \varepsilon_0+1,\ \cdots$$

모든 유한순서수 0, 1, 2, ⋯ 의 뒤에 나타나는 첫 극한원소는 ω이고, 두 번째 극한원소는 $\omega 2$임을 알 수 있다. $\omega 3,\ \omega 4,\ \cdots,\ \omega^2,\ \omega^3,\ \cdots,\ \omega^\omega,\ \cdots,\ (\omega^\omega)^\omega,\ \varepsilon_0,\ \cdots$ 은 모두 극한원소들이다. ω를 제1무한순서수(the first infinite ordinal)라고 부르기도 한다.

[정리 9.15]에 의하여 $\mathscr{N}$는 정렬집합이고, $\mathscr{N}$에는 최소원소가 존재한다. 즉, $\mathbb{N}$과 대등한 순서수 중에는 가장 작은 순서수가 일의적으로 존재한다. 이 순서수를 집합 $\mathbb{N}$의 시수(initial ordinal)라고 한다. $\mathbb{N}$의 시수가 ω가 되는 것은 분명하다. 일반적으로 임의의 집합 X에 대하여 X와 대등한 순서수들의 집합에는 최소원소, 즉 X의 시수가 일의적으로 존재한다. 그리고 이 시수들은 기수에 관한 규칙 C1～C4를 모두 만족한다. 이러한 사실들은 기수를 시수의 관점에서 해석할 수 있음을 시사해준다. 실제로 저자에 따라서는 순서수를 먼저 도입하고,

집합의 기수를 그 집합의 시수로서 정의하기도 한다.

실수의 집합 $\mathbb{R}$과 대등한 순서수 중 가장 작은 순서수, 즉 $\mathbb{R}$의 시수는 Ω로 나타낸다. 이 Ω를 제1비가산순서수(the first uncountable ordinal)라고 부르기도 한다. $\text{ord}(S_\Omega) = \Omega$이고 임의의 $\alpha < \Omega$에 대하여 S_α는 가산집합임을 유의하여야 한다.

【 정리 9.16 】 부랄리-훠르티의 역설(Burali-Forti Paradox)

모든 순서수의 집합은 존재하지 않는다.

증명 모든 순서수의 집합 S가 존재한다고 가정하자. [정리 9.15]에 의하여 S는 정렬집합이다. $\text{ord}(S) = \sigma$라고 하면 $\sigma \in S$이다. [정리 9.14]에 의하여

$$\sigma = \text{ord}\{\beta \in S \mid \beta < \sigma\} = \text{ord}(s_\alpha) < \text{ord}\, S = \sigma$$

을 얻는다. 이것은 $\sigma < \sigma$이 되어 모순이다. ■

별증 모든 순서수의 집합 S가 존재한다고 가정하자. S는 정렬집합이므로 $\text{ord}(S) = \sigma$라고 하면 σ는 가장 큰 순서수이다. 이 σ에 대하여 $\sigma+1$도 순서수가 되고, $\sigma+1 > \sigma$이 성립한다. 이것은 σ가 가장 큰 순서수라는 사실에 모순이다. 따라서 모든 순서수의 집합은 존재하지 않는다. ■

연습문제 9.5

1. [정리 9.14]의 증명에서 임의의 $\beta \in S_\alpha$에 대하여 $\text{ord}(A, \precsim) = \alpha$, $\text{ord}(B, \precsim) = \beta$이고 $B \approx A_p$이면 $f(\beta) = p$로 정의된 함수

$$f : S_\alpha \to A$$

는 잘 정의된 순서동형사상임을 증명하여라.

2. 임의의 집합에 대하여 그 집합의 시수가 일의적으로 존재함을 증명하여라.

3. 집합 X, Y에 대하여 X와 Y가 같은 시수를 갖는 경우, 또 그 경우에 한하여 $X \sim Y$이 성립함을 증명하여라.

협동학습문제 해답

1. 두 정렬집합 A와 B에 대하여 두 집합은 서로 순서동형이거나 어느 한 집합이 다른 집합의 앞 절편과 순서동형이 됨을 밝혀라.

풀이 〚 ① $S=\{x \in A \mid \exists\, y \in B,\ A_x \approx B_y\}$

$T=\{y \in B \mid \exists\, x \in A,\ B_y \approx A_x\}$

이라 하고, $S \approx T$임을 보인다.

② **$S=A$ 또는 S는 A의 앞 절편**

$T=B$ 또는 T는 B의 앞 절편

이 됨을 보인다.

③ **각 경우의 모순성을 검토한다.** 〛

$x \in S$이라고 하자. 〈연습문제 9.2〉의 5번 성질에 의하여 $A_x \approx B_y$인 $y \in B$가 유일하게 존재한다. $y \in T$에 대해서도 $B_y \approx A_x$인 $x \in A$가 유일하게 대응된다. 따라서 함수 $f: S \to T$를 $A_x \approx B_y$이면 $f(x)=y$로 정의하면 f는 전단사함수가 된다. 이제 $x', x \in S$, $f(x)=y$, $f(x')=y'$, $x'<x$이고 $\phi: A_x \approx B_y$라고 하자. 그러면 〈연습문제 9.2〉의 6번 성질에 의하여 $\phi|_{A_{x'}}: A_{x'} \approx B_{\phi(x')}$이다. 그런데 〈연습문제 9.2〉의 5번 성질에 의하여 $A_{x'}$로부터 B로의 순서동형사상은 유일하게 존재하므로 $\phi(x')=f(x')=y'$가 되고, $\phi(x') \in B_y$이므로 $y'<y$이다. 그러므로 f는 전단사이고 순서를 보존하므로 순서동형사상이다. 따라서 $S \approx T$이다. 만약 $x \in S$이고 $a \le x$인 $a \in A$이면 〈연습문제 9.2〉의 6번 성질과 [정리 7.3]에 의하여 A_a는 B의 절편과 순서동형이므로 $a \in S$이다. 따라서 S는 정렬집합 A의 절편이 되므로 [정리 7.3]에 의하여 $S=A$ 또는 S는 A의 앞 절편이다. 마찬가지로 $T=B$ 또는 T는 B의 앞 절편이다. 그러므로 다음의 네 가지 경우를 생각할 수 있다.

(경우 1) $S=A$이고 $T=B$

(경우 2) $S=A$이고 T는 B의 앞 절편

(경우 3) S는 A의 앞 절편이고 $T=B$

(경우 4) S는 A의 앞 절편이고 T는 B의 앞 절편

위 네 가지 경우는 다음과 같이 해석할 수 있다.

(경우 1) $A \approx B$
(경우 2) A는 B의 앞 절편과 순서동형
(경우 3) B는 A의 앞 절편과 순서동형
(경우 4) $S = A_x$이고 $T = B_y$이면 $A_x \approx B_y$이므로 $x \in S$이다. 이것은 모순이다. 왜냐하면 $x \in S = A_x$이 되기 때문이다.

그러므로 두 정렬집합 A와 B에 대하여 두 집합은 서로 순서동형이거나 어느 한 집합이 다른 집합의 앞 절편과 순서동형이 된다. □

2. 임의의 순서수 α, β, γ에 대하여

$$[\alpha+\beta < \alpha+\gamma] \Leftrightarrow \beta < \gamma$$

이 성립함을 보여라.

풀이 〚 **직관에 의존하지 말고 순서수에 관한 덧셈의 정의를 정확히 이해하여야 한다. 결과적으로 순서수의 순서매김에 있어서는 좌 소거법칙만 성립함을 유의하여야 한다.** 〛

($\Leftarrow$) [정리 9.9]의 (2)번 성질에 의하여 증명되었다.
($\Rightarrow$) $\operatorname{ord}(A, \leq) = \alpha$, $\operatorname{ord}(B, \lesssim) = \beta$, $\operatorname{ord}(C, \lesssim) = \gamma$이고 $A \cap B = \varnothing$, $A \cap C = \varnothing$이라 하면 $\alpha+\beta = \operatorname{ord}(A \cup B, \leq^*)$, $\alpha+\gamma = \operatorname{ord}(A \cup C, \lesssim^*)$이고 $A \cup B$는 $A \cup C$의 진 절편 S_q와 순서동형이다. 따라서 B는 C의 진 절편 $S_q - A$와 순서동형이 되어 $\beta < \gamma$이다. □

3. $\mathbb{R}$의 시수를 Ω로 나타내면 Ω는 비가산집합의 첫 순서수가 됨을 증명하여라.

풀이 〚 **임의의 집합 X에 대하여 $card\ X < card\ \mathscr{P}(X)$이 성립하고, $card\ \mathscr{P}(\mathbb{N}) = card\ \mathbb{R}$ 이다. 시수의 개념과 일반연속체가설의 내용을 잘 이해하여야 한다.** 〛

[정리 6.4]와 [정리 6.10]에 의하여

$$card\ \mathbb{N} < card\ \mathscr{P}(\mathbb{N}) = card\ \mathbb{R} < card\ \mathscr{P}(\mathbb{R}) < card\ \mathscr{P}(\mathscr{P}(\mathbb{R})) < \cdots$$

이 성립한다. 그런데 일반연속체가설에 의하여 위 기수들 사이에 존재하는 기수는 없으므로 $\mathbb{R}$ 의 시수 Ω 가 비가산집합의 첫 순서수가 된다.

$\mathbb{N}$ **의 시수** ω **는 번호 붙일 수 있는 무한집합의 첫 순서수임을 유의하여야 한다.** □

4. 만약 A가 S_Ω의 가산부분집합이면 A는 S_Ω 내에 상계를 가짐을 증명하여라.

풀이 〚 **임의의 순서수** α **을** S_α **와 동일시하여**

$$\omega \equiv \{0,\ 1,\ 2,\ \cdots\},\quad \Omega \equiv S_\Omega$$

와 같이 순서수를 정렬집합으로 생각한다. 그러면 S_Ω **은 비가산집합임을 유의하여야 한다.** 〛

A가 S_Ω 의 가산부분집합이라 하자. 임의의 $a \in A$에 대하여 S_a는 가산집합이므로 $B = \bigcup_{a \in A} S_a$도 가산집합이다. 그런데 S_Ω 은 비가산집합이므로

$$S_\Omega - B \neq \varnothing$$

이다. 그러면 모든 $x \in S_\Omega - B$가 A의 상계가 된다. 만약 $x < a$인 적당한 $a \in A$가 존재한다면 $x \in S_a$이 되어 $x \in B$이다. 이것은 $x \in S_\Omega - B$에 모순이다. 따라서 모든 $x \in S_\Omega - B$는 A의 상계이다. □

참 | 고 | 문 | 헌

K. Hrbacek, and T Jech, *Introduction to Set Theory*, Marcel Dekker, 1984.

You-Feng Lin, and Shwu-Yeng T. Lin, *Set Theory: An Intuitive Approach*, Houghton Mifflin, 1974.

C. Pinter, *Set Theory*, Addison-Wesley, 1971.

S. Lipschutz, *Set Theory and Related Topics*, Schaum's outline series, McGraw-Hill, 1964.

J. R. Munkres, *Topology*, A First Course, Prentice-Hall, 1975.

노영순 · 김기준 · 송형수, **명제와 집합**, 교우사, 2001.

안재찬 · 최중수, **수학거미**, 화인미디어, 2003.

이장우, **현대집합론의 원리**, 京文社, 1991.

李興天(譯), **集合論**, 京文社, 1993.

林禎垈, **集合論의 基礎**, 淸文閣, 1992.

부 록

- 기호와 약어
- 그리스 문자
- 자연수에 관한 페아노의 공리

기호와 약어

$\sim$	… 아니다.
$\wedge$	이고
$\vee$	또는
$\rightarrow$	… 이면 …이다.
$\leftrightarrow$	… 인 경우, 또 그 경우에 한하여 … 이다
$\equiv(\Leftrightarrow)$	… 와 동치이다
$\Rightarrow$	… 는 … 를 함의한다
$\forall$	모든(임의의) … 에 대하여
$\exists$	… 이 존재한다(적어도 하나의 … 가 있어서)
$a \in A$	a는 A의 원소이다
$a \notin A$	a는 A의 원소가 아니다
$\{x, y, \cdots, z\}$	원소 $x, y, \cdots, z$로 이루어진 집합
$\{x \mid p(x)\}$	$p(x)$가 참인 x의 집합
$\mathbb{N}$	자연수의 집합
$\mathbb{Z}$	정수의 집합
$\mathbb{Q}$	유리수의 집합
$\mathbb{R}$	실수의 집합
$\mathbb{R}^+$	양의 실수의 집합
$A \subset B$	A는 B의 부분집합이다
$A \not\subset B$	A는 B의 부분집합이 아니다
$A \subsetneq B$	A는 B의 진부분집합이다
$A \supset B$	A는 B의 포함집합이다
$\varnothing$	공집합
$A \cap B$	집합 A와 B의 교집합
$A \cup B$	집합 A와 B의 합집합
$A - B$	A에 대한 B의 상대적 여집합
B^c	B의 여집합(전체집합 $\sqcup$에 대한 B의 상대적 여집합)
$\mathscr{P}(A)$	집합 A의 멱집합
$\bigcap_{\gamma \in \Gamma} A_r$	집합 A_r들의 교집합, 여기서 $\gamma \in \Gamma$
$\bigcup_{\gamma \in \Gamma} A_r$	집합 A_r들의 합집합, 여기서 $\gamma \in \Gamma$

$\bigcap_{k=1}^{n} A_k$	집합 $A_1, A_2, \cdots, A_n$들의 교집합
$\bigcup_{k=1}^{n} A_k$	집합 $A_1, A_2, \cdots, A_n$들의 합집합
$\bigcap_{A\in\mathfrak{J}} A$	집합 A들의 모임 $\mathfrak{J}$의 교집합
$\bigcup_{A\in\mathfrak{J}} A$	집합 A들의 모임 $\mathfrak{J}$의 합집합
(a, b)	원소 a, b의 순서쌍
$A\times B$	집합 A와 B의 데카르트 곱
$Dom(\mathscr{R})$	관계 $\mathscr{R}$의 정의역
$Ran(\mathscr{R})$	관계 $\mathscr{R}$의 치역
$\mathrm{Im}(\mathscr{R})$	관계 $\mathscr{R}$의 상
$\mathscr{R}^{-1}$	관계 $\mathscr{R}$의 역관계
Δ_X	X 위의 항등관계, 대각관계
$x\equiv y(\mathrm{mod}\ m)$	x와 y는 m을 법으로 하는 합동관계
$\mathscr{E}$	동치관계
$x/\mathscr{E}$	$\mathscr{E}$과 x에 의하여 정해지는 동치류
$X/\mathscr{E}$	동치류 $x/\mathscr{E}$들로 이루어진 집합, 여기서 $x\in X$
$X/\mathscr{T}$	X의 분할 $\mathscr{T}$에 따른 동치관계
$f: X\rightarrow Y$, (f, X, Y)	f는 X에서 Y로의 함수
$1_X: X\rightarrow X$	X 위의 항등함수
$\chi_A: X\rightarrow\{0, 1\}$	X에서의 A의 특성함수, 여기서 $A\subset X$
$f: A\subset X$	A에의 X로의 포함함수, 여기서 $A\subset X$
$f\mid_A: A\rightarrow X$	f의 A위의 제한함수, 여기서 $A\subset X$
$f(A)$	함수 f에 의한 A의 상
$f^{-1}(B)$	함수 f에 의한 B의 역상
$g\circ f$	함수 f와 g의 합성함수
$\prod_{\alpha\in A} A_\alpha$	집합 A_α들의 데카르트곱
$f: X\sim Y$	함수 $f: X\rightarrow Y$는 일대일 대응
B^A	A에서 B로의 함수들로 이루어진 집합
$A\sim B$	A와 B는 대등하다
$\mathrm{card}\, A$	집합 A의 기수
$\aleph_0$	자연수 집합의 기수

c	실수 집합의 기수
lub B, sup B	집합 B의 최소상계(상한)
glb B, inf B	집합 B의 최대하계(하한)
A_x	A의 앞 절편 $\{a \in A \mid a < x\}$, 여기서 $(A, \leq)$는 정렬순서 집합
$x \vee y$	x와 y의 최소상계
$x \wedge y$	x와 y의 최대하계
$f : A \approx B$	함수 $f : A \rightarrow B$는 순서동형사상
$(A, \leq) \approx (B, \leq')$	정렬집합 $(A, \leq)$, $(B, \leq')$은 순서동형(닮은 집합)이다.
ord$(A, \leq)$	정렬집합 $(A, \leq)$의 순서수
ω	정렬집합 $(\mathbb{N}, \leq)$의 순서수

그리스 문자

대 문 자	소 문 자	명 칭
A	α	alpha
B	β	beta
Γ	γ	gamma
Δ	δ	delta
E	$\varepsilon(\varepsilon)$	epsilon
Z	ζ	zeta
H	η	eta
Θ	$\theta(\vartheta)$	theta
I	ι	iota
K	κ	kappa
Λ	λ	lambda
M	μ	mu
N	ν	nu
Ξ	ξ	xi
O	o	omicron
Π	π	pi
P	$\rho(\varrho)$	rho
Σ	$\sigma(\varsigma)$	sigma
T	τ	tau
Y	υ	upsilon
Φ	$\phi(\varphi)$	phi
X	χ	chi
Ψ	ψ	psi
Ω	ω	omega

자연수에 관한 페아노의 공리

자연수에 관한 성질들은 페아노의 공리로부터 유도될 수 있다.

자연수에 관한 페아노의 공리(The Peano Axioms for natural number)

다음 공리를 만족시키는 집합 $\mathbb{N}$이 존재한다. 이 때 집합 $\mathbb{N}$이 원소를 자연수라 한다.

1. $\mathbb{N}$에는 1로 나타낸 특별한 원소가 존재한다.
2. 임의의 $n \in \mathbb{N}$에 대하여 바로 뒤 원소(successor)인 $n^+ \in \mathbb{N}$가 일의적으로 존재한다.
3. 모든 $n \in \mathbb{N}$에 대하여 $n^+ \neq 1$이다.
4. 임의의 $n, m \in \mathbb{N}$에 대하여

$$n^+ = m^+ \Rightarrow n = m$$

이다.

5. $P \subset \mathbb{N}$가

$$1 \in P \wedge [n \in P \Rightarrow n^+ \in P]$$

을 만족하면 $\mathrm{P} = \mathbb{N}$이다.

위 공리 5는 수학적 귀납법의 토대가 된다. 임의의 $n \in \mathbb{N}$에 대하여 n^+를 $n+1$로 적으면 더욱 편리할 수 있다. 따라서

$$2 = 1+1,\ 3 = 2+1,\ 4 = 3+1,\ \cdots$$

등으로 나타낸다.

자연수의 덧셈은 다음과 같이 귀납적으로 정의한다.

[정의 1]

[자연수의 덧셈(addition)]

(1) $1+y=y^{+}$

(2) $x^{+}+y=(x+y)^{+}$

정의 1과 수학적 귀납법을 이용하여 다음과 같은 자연수의 덧셈에 관한 기본 성질을 증명할 수 있다.

【정리 1】

임의의 자연수 $x, y, z \in \mathbb{N}$에 대하여 다음이 성립한다.

1. [결합법칙] $x+(y+z)=(x+y)+z$
2. [교환법칙] $x+y=y+x$
3. [소거법칙] $x+z=y+z \Rightarrow x=y$

증명 1번 성질만 증명한다.

1. $\mathbb{N}$의 임의의 두 원소 y와 z는 이 증명에서는 고정된 것으로 보고 x에 대한 수학적 귀납법에 의하여 결합법칙을 증명하기로 한다. 먼저

$$1+(y+z)=(1+y)+z$$

임을 보인다. 정의 1의 (1), (2), (1)을 차례로 적용하면

$$1+(y+z)=(y+z)^{+}=y^{+}+z=(1+y)+z$$

을 얻는다. 이제

$$k+(y+z)=(k+y)+z$$

로부터

$$k^{+}+(y+z)=(k^{+}+y)+z$$

이 성립함을 보인다. 정의 1의 (2)와 가정으로부터

$$k^{+}+(y+z)=[k+(y+z)]^{+}z=(k^{+}+y)+z$$

을 얻는다. 다시 정의 1의 (2)를 두 번 적용하면

$$[(k+y)+z]^{+}=(k+y)^{+}+z=(k^{+}+y)+z$$

이다. 그러므로

$$k^{+}+(y+z)=(k^{+}+y)+z$$

가 성립한다. 따라서 임의의 자연수 $x, y, z \in \mathbb{N}$ 에 대하여

$$x+(y+z)=(x+y)+z$$

이다. ■

자연수의 곱셈은 다음과 같이 귀납적으로 정의한다.

[정의 2]

[자연수의 곱셈(multiplication)]

(1) $1y=y$

(2) $x^{+}y=xy+y$

정의 2과 수학적 귀납법을 이용하여 다음과 같은 자연수의 곱셈에 관한 기본 성질을 증명할 수 있다.

【정리 2】

임의의 자연수 $x, y, z \in \mathbb{N}$에 대하여 다음이 성립한다.

1. [결합법칙] $x(yz)=(xy)z$
2. [교환법칙] $xy=yx$
3. [소거법칙] $xz=yz \Rightarrow x=y$
4. [분배법칙] $x(y+z)=xy+xz$

증명 1, 2, 3번 성질의 증명은 정리 1의 증명과 비슷하므로 생략한다. 4번 성질만 증명한다.

1. $\mathbb{N}$의 임의의 두 원소 y와 z는 이 증명에서는 고정된 것으로 보고 x에 대한 수학적 귀납법에 의하여 결합법칙을 증명하기로 한다. $x=1$인 경우 증의 2의 (1)에 의하여 분명히 성립한다. 즉,

$$1(y+z)=y+z=1y+1z$$

이다. $x=k$에 대하여 참이라고 가정하면

$$k(y+z)=ky+kz$$

이 되고, 정의 2의(2)와 귀납적 가정에 의하여

$$k^{+}(y+z)=k(y+z)+(y+z)=ky+kz+(y+z)$$

이 성립한다. 덧셈에 관한 결합법칙과 교환법칙을 적용하면

$$\begin{aligned}ky+kz+(y+z)&=ky+\{kz+(y+z)\}=ky+\{(kz+y)+z\}\\&=ky+\{(kz+y)+z\}=ky+\{(y+kz)+z\}\\&=ky+\{y+(kz+z)\}=(ky+y)+(kz+z)\end{aligned}$$

이 되어 정의 2의 (2)를 적용하면

$$k^{+}(y+z)=k^{+}y+k^{+}z$$

이 성립한다. 그러므로

$$x(y+z)=xy+xz$$

이다. ■

자연수의 집합 $\mathbb{N}$에서의 순서의 개념을 다음과 같이 정의한다.

[정의 3]

$x>y$이기 위한 필요충분조건은 $x=y+z$를 만족하는 적당한 $z\in\mathbb{N}$가 존재하는 경우이다.

다음은 순서에 관한 성질과 자연수 계가 일의적이라는 성질이다. 정리의 증명은 생략한다.

【정리 3】 추이법칙

임의의 자연수 $x, y, z\in\mathbb{N}$에 대하여

$$x(yz)=(xy)z$$

이 성립한다.

【 정리 4 】 삼자택일법칙

임의의 자연수 $x, y \in \mathbb{N}$에 대하여 다음 중 꼭 하나만 성립한다.

$$x > y,\quad x = y,\quad y < x$$

【 정리 5 】

페아노의 공리를 만족시키는 집합 $\mathbb{N}$, $\mathbb{N}^*$에 대하여

$$f(1) = 1^*,\quad f(n+1) = f(n) + 1^*$$

을 만족하는 동형사상(isomorphism)이 존재한다. 여기서 페아노의 공리를 만족하는 $\mathbb{N}^*$의 특별한 원소 1^*이다.

연습문제 풀이

연습문제 2.1

1. n개의 서로 다른 성분으로 이루어진 합성명제에 있어서 논리적 가능성은 모두 몇 가지 있는가?

풀이 각 성분마다 참(T)과 거짓(F)의 두 가지 경우가 나타나고 n개의 서로 다른 성분으로 이루어진 합성명제에 있어서 논리적 가능성은 n개의 서로 다른 성분이 동시에 일어나는 경우의 수이므로 모두 2^n가지이다.

2. 다음 각 명제의 진리표를 작성하여라.

(1) $p \rightarrow (\sim p \vee q)$

(2) $p \wedge \sim q \wedge r$

풀이 (1)

p	q	$\sim p$	$\sim p \vee q$	$p \rightarrow (\sim p \vee q)$
T	T	F	T	T
T	F	F	F	F
F	T	T	T	T
F	F	T	T	T

(2)

p	q	r	$\sim q$	$p \wedge \sim q \wedge r$
T	T	T	F	F
T	T	F	F	F
T	F	T	T	T
T	F	F	T	F
F	T	T	F	F
F	T	F	F	F
F	F	T	T	F
F	F	F	T	F

3. 조건문 $p \rightarrow q$에 대하여 $q \rightarrow p$, $\sim p \rightarrow \sim q$, $\sim q \rightarrow \sim p$을 각각 $p \rightarrow q$의 역, 이, 대우라고 한다. 명제 p를 "그는 건강하다.", q를 "그는 행복하다"라고 할 때 $p \rightarrow q$와 이 조건문의 부정, 역, 이, 대우를 말하여라.

풀이 (1) $p \to q$의 부정은 $p \wedge \sim q$이므로 "그는 건강하지만 행복하지 않다."
(2) $p \to q$의 역은 $q \to p$이므로 "그는 행복하면 건강하다."
(3) $p \to q$의 이는 $\sim p \to \sim q$이므로 "그는 건강하지 않으면 행복하지 않다."
(4) $p \to q$의 대우는 $\sim q \to \sim p$이므로 "그는 행복하지 않으면 건강하지 않다."

연습문제 2.2

1. 다음을 증명하여라.
(1) $(p \to q) \Rightarrow (p \wedge r \to q \wedge r)$
(2) $(p \to q) \Rightarrow (p \vee r \to q \vee r)$
(3) $(p \leftrightarrow q) \Rightarrow (p \wedge q) \vee (\sim p \wedge \sim q)$
(4) $p \wedge (p \vee q) \equiv p$
(5) $p \vee (p \wedge q) \equiv p$

풀이 (1) 조건명제 $(p \to q) \to (p \wedge r \to q \wedge r)$이 항진명제임을 보이면 된다.

p	q	r	$p \to q$	$p \wedge r$	$q \wedge r$	$p \wedge r \to q \wedge r$	$(p \to q) \to (p \wedge r \to q \wedge r)$
T	T	T	T	T	T	T	T
T	T	F	T	F	F	T	T
T	F	T	F	T	F	F	T
T	F	F	F	F	F	T	T
F	T	T	T	F	T	T	T
F	T	F	T	F	F	T	T
F	F	T	T	F	F	T	T
F	F	F	T	F	F	T	T

(2)

p	q	r	$p \to q$	$p \vee r$	$q \vee r$	$p \vee r \to q \vee r$	$(p \to q) \to (p \vee r \to q \vee r)$
T	T	T	T	T	T	T	T
T	T	F	T	T	T	T	T
T	F	T	F	T	T	T	T
T	F	F	F	T	F	F	T
F	T	T	T	T	T	T	T
F	T	F	T	F	T	T	T
F	F	T	T	T	T	T	T
F	F	F	T	F	F	T	T

(3)

p	q	$p \leftrightarrow q$	$p \wedge q$	$\sim p \wedge \sim q$	$(p \wedge q) \vee (\sim p \wedge \sim q)$	$(p \leftrightarrow q) \to (p \wedge q) \vee (\sim p \wedge \sim q)$
T	T	T	T	F	T	T
T	F	F	F	F	F	T
F	T	F	F	F	F	T
F	F	T	F	T	T	T

(4) 쌍조건문 $p \wedge (p \vee q) \leftrightarrow p$ 이 항진명제임을 보이면 된다.

p	q	$p \vee q$	$p \wedge (p \vee q)$	$p \wedge (p \vee q) \leftrightarrow p$
T	T	T	T	T
T	F	T	T	T
F	T	T	F	T
F	F	F	F	T

(5) 명제 $p \vee (p \wedge q)$ 의 진리값이 명제 p 의 진리값과 같음을 보이면 된다.

p	q	$p \wedge q$	$p \vee (p \wedge q)$
T	T	T	T
T	F	F	T
F	T	F	F
F	F	F	F

2. 연역적 추론으로 다음을 증명하여라.

(1) $(p \to q) \equiv (p \to p \wedge q)$

(2) $(p \to q) \equiv (p \vee q \to q)$

(3) $(p \to r) \wedge (q \to r) \equiv (p \vee q \to r)$

(4) $(p \to r) \wedge (p \to s) \equiv (p \to r \wedge s)$

(5) $(p \to q) \wedge (p \to \sim q) \equiv \sim p$

(6) $p \wedge (p \to q) \Rightarrow q$

(7) $p \wedge q \to r \equiv p \to (q \to r)$

풀이 (1) $p \to p \wedge q \equiv \sim p \vee (p \wedge q) \equiv (\sim p \vee p) \wedge (\sim p \vee q)$
$\equiv t \wedge (\sim p \vee q) \equiv (\sim p \vee q) \equiv p \to q$

(2) $p \vee q \to q \equiv \sim (p \vee q) \vee q \equiv (\sim p \wedge \sim q) \vee q$
$\equiv (\sim p \vee q) \wedge (\sim q \vee q) \equiv (\sim p \vee q) \wedge t$
$\equiv \sim p \vee q \equiv p \to q$

(3) $(p \to r) \wedge (q \to r) \equiv (\sim p \vee r) \wedge (\sim q \vee r) \equiv (\sim p \wedge \sim q) \vee r$
$\equiv \sim (p \vee q) \vee r \equiv p \vee q \to r$

(4) $(p \to r) \wedge (p \to s) \equiv (\sim p \vee r) \wedge (\sim p \vee s)$
$\equiv \sim p \vee (r \wedge s) \equiv p \to (r \wedge s)$

(5) $(p \to q) \wedge (p \to \sim q) \equiv (\sim p \vee q) \wedge (\sim p \vee \sim q)$
$\equiv \sim p \vee (q \wedge \sim q) \equiv \sim p \vee c \equiv \sim p$

(6) $p \wedge (p \to q) \equiv p \wedge (\sim p \vee q) \equiv (p \wedge \sim p) \vee (p \wedge q)$
$\equiv c \vee (p \wedge q) \equiv p \wedge q \Rightarrow q$

(7) $p \wedge q \to r \equiv \sim [(p \wedge q) \wedge \sim r] \equiv \sim [p \wedge (q \wedge \sim r)]$
$\equiv p \to \sim (q \wedge \sim r) \equiv p \to (q \to r)$

연습문제 2.3

1. $\sim [\forall x, p(x)] \equiv \exists x, \sim p(x)$ 을 이용하여 다음을 증명하여라.

(1) $\sim [\forall x, \sim p(x)] \equiv \exists x, p(x)$

(2) $\sim [\exists x, \sim p(x)] \equiv \forall x, p(x)$

풀이 (1) $\sim [\forall x, \sim p(x)] \equiv \exists x, \sim (\sim p(x)) \equiv \exists x, p(x)$

(2) $\sim [\exists x, \sim p(x)] \equiv \sim (\sim [\forall x, p(x)]) \equiv \forall x, p(x)$

2. 대상영역이 $A=\{1, 2, 3\}$ 일 때 다음 명제의 진리값을 구하여라.

(1) $\exists x, \forall y, x^2 < y+1$

(2) $\forall x, \exists y, x^2+y^2 < 12$

(3) $\forall x, \forall y, x^2+y^2 < 12$

(4) $\exists x, \forall y, \exists z, x^2+y^2 < 2z^2$

(5) $\exists x, \exists y, \forall z, x^2+y^2 < 2z^2$

풀이 (1) 참(T), 만약 $x_0=1$ 이면 $1 < y+1$ 이 되고, 이것은 모든 $y \in A$ 에 대하여 성립한다.

(2) 참(T), 왜냐하면 임의의 x_0 에 대하여 $y=1$ 이면 $x_0^2+1 < 12$ 이 되고, 이것은 모든 x_0 에 대하여 성립한다.

(3) 거짓(F), $x_0=2$, $y_0=3$ 이 있어서 $x_0^2+y_0^2 \not< 12$ 이다.

(4) 참(T), 만약 $x_0=1$, $z_0=3$ 이면 $x_0^2+y^2 < 2z_0^2$, 즉 $1+y < 18$ 은 모든 $y \in A$ 에 대하여 성립한다.

(5) 거짓(F), $z_0=1$ 이 있어서 임의의 $x, y \in A$ 에 대하여 $x^2+y^2 \not< 2z_0^2$ 이다.

연습문제 2.4

1. 다음 논증의 타당성을 직접증명과 간접증명을 통해 조사하여라.

$$p \vee (q \wedge r)$$
$$q \rightarrow s$$
$$r \rightarrow t$$
$$s \wedge t \rightarrow p \vee r$$
$$\sim p / r$$

풀이 [직접증명]

1. $p \vee (q \wedge r)$
2. $q \rightarrow s$
3. $r \rightarrow t$

4. $s \wedge t \rightarrow p \vee r$
5. $\sim p / r$
6. $q \wedge r$ 단계 1, 5, [논리합 삼단논법]
7. $q \wedge r \rightarrow s \wedge t$ 단계 2, 3, [구성적 양도용법]
8. $s \wedge t$ 단계 6, 7, [삼단긍정법]
9. $p \vee r$ 단계 4, 8, [삼단긍정법]
10. r 단계 5, 9, [논리합 삼단논법]

[간접증명]

1. $p \vee (q \wedge r)$
2. $q \rightarrow s$
3. $r \rightarrow t$
4. $s \wedge t \rightarrow p \vee r$
5. $\sim p / r$
6. $\sim r$
7. $q \wedge r$ 단계 1, 5, [논리합 삼단논법]
8. r 단계 7, [단순화법칙]
9. $\sim r \wedge r \equiv c$ 단계 6, 8, [논리곱 정의]

2. 다음 논증의 타당성을 증명하여라.

(1) 중훈 또는 홍수가 이긴다면 민수와 예리는 소리칠 것이다. 예리는 소리치지 않았다. 그러므로 중훈은 이기지 못하였다.

(2) 중훈이 위원회 회장으로 선출되거나 홍수와 민수가 부회장으로 선출된다. 중훈이 회장으로 선출되거나 홍수가 부회장으로 선출되면 동일이는 항의서를 제출할 것이다. 그러므로 중훈이가 회장으로 선출되었거나 동일이가 항의서를 제출할 것이다.

(3) 인구가 급속히 증가하고 생산량이 머물러 있으면 물가는 오른다. 물가가 오르면 정부는 통제할 것이다. 내가 부자라면 물가상승을 걱정하지 않을 것이다. 나는 부자이다. 정부가 물가상승을 통제하지 않거나 나는 물가상승을 걱정한다. 그러므로 "인구가 급속히 증가하고 생산량은 그대로 머물러있다"고 말하는 것은 참이 아니다.

(4) 명수가 의학을 배운다면 그는 부유한 생활을 하게 될 것이다. 명수가 예술을 배운다면 그는 멋진 인생을 보낼 것이다. 부유한 생활 또는 멋진

인생을 보내려면 시간을 낭비해서는 안 된다. 명수는 시간을 낭비하고 있다. 그러므로 명수는 의학과 예술을 배우지 않고 있다.

풀이 (1) 위의 논증에 대한 가정과 결론을 다음과 같은 문자로 나타내고, 간편한 형식을 활용하여 그 타당성을 증명한다.

J : 중훈이가 이긴다.
H : 홍수가 이긴다.
M : 민수가 소리친다.
Y : 예리가 소리친다.

1. $J \vee H \rightarrow M \wedge Y$
2. $\sim Y / \sim J$
3. $\sim Y \vee \sim M$ [2, 합의 법칙]
4. $\sim (M \wedge Y)$ [3, 드 모르강의 법칙, 교환법칙]
5. $\sim (J \vee H)$ [1, 4, 삼단부정법]
6. $\sim J \wedge \sim H$ [5, 드 모르강의 법칙]
7. $\sim J$ [6, 단순화 법칙]

그러므로 7단계에 의하여 결론의 명제는 타당하다.

(2) J : 중훈이가 회장으로 선출된다.
H : 홍수가 부회장으로 선출된다.
M : 민수가 부회장으로 선출된다.
D : 동일이는 항의서를 제출할 것이다.

1. $J \vee (H \wedge M)$
2. $J \vee H \rightarrow D / J \vee D$
3. $(J \vee H) \wedge (J \vee M)$ [1, 분배법칙]
4. $J \vee H$ [3, 단순화 법칙]
5. D [2, 4, 삼단긍정법]
6. $D \vee J$ [5, 합의 법칙]
7. $J \vee D$ [6, 교환법칙]

그러므로 7단계에 의하여 결론의 명제는 타당하다.

(3) P : 인구가 급속히 증가한다.
C : 생산량은 그대로 머물러 있다.
R : 물가가 오른다.
G : 정부가 물가를 통제한다.
H : 나는 부자이다.

I : 나는 물가상승을 걱정한다.

1. $P \wedge C \rightarrow R$
2. $R \rightarrow G$
3. $H \rightarrow \sim I$
4. H
5. $\sim G \vee I \,/\, \sim(P \wedge C)$
6. $\sim I$ [3, 4, 삼단긍정법]
7. $\sim G$ [5, 6, 논리합 삼단논법]
8. $\sim R$ [2, 7, 삼단부정법]
9. $\sim(P \wedge C)$ [1, 8, 삼단부정법]

그러므로 9단계에 의하여 결론의 명제는 타당하다.

(4) M : 명수가 의학을 배운다.
E : 명수는 부유한 생활을 한다.
A : 명수가 예술을 배운다.
L : 명수는 멋진 인생을 보낼 것이다.
W : 명수는 시간을 낭비하고 있다.

1. $M \rightarrow E$
2. $A \rightarrow L$
3. $(E \vee L) \rightarrow \sim W$
4. $W \,/\, \sim M \wedge \sim A$
5. $\sim(E \vee L)$ [3, 4, 삼단부정법]
6. $\sim E \wedge \sim L$ [5, 드 모르강의 법칙]
7. $\sim E$ [6, 단순화 법칙]
8. $\sim L$ [6, 단순화 법칙]
9. $\sim M$ [1, 7, 삼단부정법]
10. $\sim A$ [1, 8, 삼단부정법]
11. $\sim M \wedge \sim A$ [9, 10, 논리곱]

그러므로 11단계에 의하여 결론의 명제는 타당하다.

3. 전염병 예방을 위하여 보건소에서 보균자 조사를 한 결과 A, B, C 세 사람이 보균자일 가능성이 있음을 알고, 이들 세 사람의 관계를 조사하여 다음과 같은 자료를 얻었다. 이 자료로부터 얻을 수 있는 결론을 구하여라.

(i) A, B, C 세 사람 이외는 보균자일 수 있는 사람은 더 이상 없다.
(ii) A가 보균자라고 하면 반드시 단 한 명의 보균자가 더 있다.

(iii) B가 보균자가 아니라면 C도 보균자가 아니다.

(iv) 정확히 두 명이 보균자라고 하면 그 중 한 명은 A이다.

(v) C가 보균자가 아니라고 하면 B도 보균자가 아니다.

풀이 결론을 구하기 위하여 다음과 같은 문자를 사용한다.

A : A가 보균자이다. B : B가 보균자이다.

C : C가 보균자이다. T : 두 명이 보균자이다.

(ii) $A \rightarrow T$ (iii) $\sim B \rightarrow \sim C$

(iv) $T \rightarrow A$ (v) $\sim C \rightarrow \sim B$

위 조건명제 (iii)과 (v)에서 $B \leftrightarrow C$가 되어 $B \equiv C$임을 알 수 있다. 만약 A가 보균자라고 하면 반드시 한 명의 보균자가 더 있어야 한다. 보균자가 B라고 하면 $B \equiv C$이므로 C도 보균자가 되어 모순이다. 보균자가 C일 때도 마찬가지로 모순이다. 만약 B가 보균자(또는 C가 보균자)라고 하면 보균자가 B, C가 되어 (iv)에 모순이 된다. 그러므로 A, B, C 모두 보균자가 아니다.

연습문제 3.1

1. $(A \subset \varnothing) \Rightarrow (A = \varnothing)$임을 보여라.

풀이 $A \subset \varnothing$이 참인 명제이면 임의의 집합 A에 대하여 $\varnothing \subset A$이 성립하므로 $A = \varnothing$이다. 따라서 $A \subset \varnothing \rightarrow A = \varnothing$은 참인 명제이다. 그러므로 $(A \subset \varnothing) \Rightarrow (A = \varnothing)$이 성립한다.

2. 다음 명제가 참인지 거짓인지를 판단하여라. 그것이 참이면 증명을 하고, 거짓이면 성립하지 않는 보기를 들어라.

(1) $x \in A$이고 $A \in B$이면 $x \in B$

풀이 거짓 $B = \{A\}$, $A = \{x\}$

(2) $A \subset B$이고 $B \in C$이면 $A \in C$

풀이 거짓 $C = \{B\}$

(3) $A \not\subset B$이고 $B \subset C$이면 $A \not\subset C$

풀이 거짓 $A = \{1, 2, 3\}$, $B = \{1, 2, 5, 6\}$, $C = \{1, 2, 3, 5, 6\}$

(4) $A \not\subset B$이고 $B \not\subset C$이면 $A \not\subset C$

풀이 거짓 $A = \{1, 2, 3\}$, $B = \{1, 2, 5, 6\}$, $C = \{1, 2, 3, 6\}$

(5) $x \in A$이고 $A \not\subset B$이면 $x \notin B$

풀이 거짓 $A = \{x, y, 3\}$, $B = \{x, y, 5, 6\}$

3. 집합 $\{x, \{y, z\}\}$의 멱집합을 원소나열법으로 나타내어라.

풀이 4개의 원소로 이루어진 집합 $\{\varnothing, \{x\}, \{\{y, z\}\}, \{x, \{y, z\}\}\}$이다.

4. 두 집합 $A = \{x \mid 1 < x < 16,\ x$는 소수(素数)$\}$, $B = \{3, 5, 7\}$에 대하여 $B \subset X \subset A$를 만족하는 집합 X의 개수를 구하여라.

풀이 $A = \{x \mid 1 < x < 16,\ x$는 소수(素數)$\} = \{2, 3, 5, 7, 11, 13\}$이고, 집합 X는 3, 5, 7을 포함하는 A의 부분집합의 개수이므로 3, 5, 7을 제외한 2, 11, 13으로 만들어지는 A의 부분집합에 각각 3, 5, 7을 넣는다고 생각한다. 그러므로 집합 X의 개수는 $\{2, 11, 13\}$의 부분집합의 개수와 같다. 따라서 $2^3 = 8$ (개)이다.

5. 집합 $\{1, 2, 3, 4, 5, 6\}$에 대하여 홀수가 k개만 포함된 부분집합의 개수를 a_k라고 하자. 이 때 $a_1 + a_2 + a_3$의 값을 구하여라.

풀이 (i) 홀수가 1개만 포함된 부분집합의 개수를 구하기 위하여 다음의 세 가지 경우를 살펴본다. 1만 포함하고 3, 5는 포함하지 않는 경우는 $\{2, 4, 6\}$의 부분집합의 개수와 같으므로 2^3개이다. 3만 포함하고 1, 5는 포함하지 않는 경우와 5만 포함하고 1, 3은 포함하지 않는 경우도 2^3개이다. 따라서 $a_1 = 2^3 \times 3 = 24$개이다.

(ii) 홀수가 2개만 포함된 부분집합의 개수를 구하는 것은 1, 3은 포함하고 5는 포함하지 않는 경우, 1, 5는 포함하고 3은 포함하지 않는 경우, 3, 5는 포함하고 1은 포함하지 않는 경우를 살펴야 한다. 세 가지 경우 모두

$\{2, 4, 6\}$ 의 부분집합의 개수와 같으므로 2^3 개이다. 따라서 $2^3 \times 3 = 24$ 개이다.

(iii) 홀수가 3 개 포함된 부분집합의 개수, 즉 1, 3, 5 모두가 포함된 부분집합의 개수를 구하는 것은 $\{2, 4, 6\}$ 의 부분집합의 개수와 같으므로 2^3 개이다.

그러므로 구하는 개수는 $a_1 + a_2 + a_3 = 24 + 24 + 8 = 56$ 이다.

다른풀이 홀수는 0, 1, 2, 3 개 포함될 수 있고, $\{1, 2, 3, 4, 5, 6\}$ 의 부분집합의 개수는 2^6 개이고 a_0 은 짝수만으로 이루어진 집합의 부분집합의 개수이므로

$$a_1 + a_2 + a_3 = 2^6 - a_0 = 2^6 - 8 = 56$$

이다.

6. 집합 A의 부분집합 B에 대하여 $\mathscr{P}(A : B) = \{G \in \mathscr{P}(A) \mid G \supset B\}$이라고 놓는다.

(1) $A = \{a, b, c, d, e\}$, $B = \{a, b\}$ 일 때 $\mathscr{P}(A : B)$을 구하여라.

(2) $\mathscr{P}(A : \varnothing) = \mathscr{P}(A)$ 임을 보여라.

(3) $B \subset A$이고, A의 원소가 n개, B의 원소는 m개일 때 집합 $\mathscr{P}(A : B)$의 원소의 개수를 구하여라.

풀이 (1) $\{\{a, b\}, \{a, b, c\}, \{a, b, d\}, \{a, b, e\}, \{a, b, c, d\}, \{a, b, c, e\}, \{a, b, d, e\}, \{a, b, c, d, e\}\}$

(2) $\mathscr{P}(A : \varnothing) = \{G \in \mathscr{P}(A) \mid G \supset \varnothing\} = \{G \in \mathscr{P}(A)\} = \mathscr{P}(A)$

(3) $B \subset A$일 때 $\mathscr{P}(A : B)$의 원소의 개수는 $\mathscr{P}(A - B)$의 원소의 개수와 같으므로 2^{n-m} 이다.

연습문제 3.2

1. 다음을 증명하여라.

(1) $A \subset B \Leftrightarrow A \cup B = B$

풀이 $(\Rightarrow)$ $B \subset A \cup B$은 분명하므로 $A \cup B \subset B$을 보인다.

$$x \in A \cup B \equiv (x \in A) \vee (x \in B) \Rightarrow (x \in B) \vee (x \in B) \equiv (x \in B)$$

이 성립하므로 $A \cup B = B$이다.

(⇐) $x \in A \Rightarrow x \in A \vee x \in B \equiv x \in A \cup B = B$

이므로 $A \subset B$이다.

(2) $A \subset B \Leftrightarrow A \cap B = A$

풀이 (⇒) $A \cap B \subset A$은 분명하므로 $A \subset A \cap B$을 보인다.

$$x \in A \equiv (x \in A) \wedge (x \in A) \Rightarrow (x \in A) \wedge (x \in B) \equiv x \in A \cap B$$

이 성립하므로 $A \cap B = A$이다.

(⇐) $x \in A \equiv x \in A \cap B \equiv x \in A \wedge x \in B \Rightarrow x \in B$

이므로 $A \subset B$이다.

(3) $(A \cap B) \cup C = A \cap (B \cup C) \Leftrightarrow C \subset A$

풀이 (⇒) $C \subset (A \cap B) \cup C = A \cap (B \cup C) \subset A$

(⇐) $(A \cap B) \cup C = (A \cup C) \cap (B \cup C) = A \cap (B \cup C)$

(4) $(A \subset C) \wedge (B \subset D) \Rightarrow A \cup B \subset C \cup D$

풀이 $x \in A \cup B \equiv x \in A \vee x \in B \Rightarrow x \in C \vee x \in D \equiv x \in C \cup D$

(5) $(A \subset C) \wedge (B \subset D) \Rightarrow A \cap B \subset C \cap D$

풀이 $x \in A \cap B \equiv x \in A \wedge x \in B \Rightarrow x \in C \wedge x \in D \equiv x \in C \cap D$

(6) $A \cap B = \varnothing \Leftrightarrow A \subset B^c$

풀이 $A \cap B = \varnothing \equiv \forall x, (x \in A \Rightarrow x \notin B) \equiv \forall x, (x \in A \Rightarrow x \in B^c) \equiv A \subset B^c$

(7) $(A - B) \cup B = A \Leftrightarrow B \subset A$

풀이 (⇒) $B \subset B \cup (A - B) = A$

(⇐) $(A - B) \cup B = (A \cap B^c) \cup B = (A \cup B) \cap (B^c \cup B)$

$$= (A \cup B) \cap U = A \cap U = A$$

(8) $(A - C) \cup (B - C) = (A \cup B) - C$

풀이 $(A - C) \cup (B - C) = (A \cap C^c) \cup (B \cap C^c) = (A \cup B) \cap C^c = (A \cup B) - C$

(9) $(A - C) \cap (B - C) = (A \cap B) - C$

풀이 $(A-C)\cap(B-C)=(A\cap C^c)\cap(B\cap C^c)=(A\cap B)\cap C^c=(A\cap B)-C$

(10) $A\cup B=A\cup(B-A)$

풀이 $A\cup(B-A)=A\cup(B\cap A^c)=(A\cup B)\cap(A\cup A^c)=A\cup B$

2. 두 집합 $A=\{1, 2, x^2+2\}$, $B=\{-1, 1, 2x+1\}$에 대하여 $A\cap B=\{1, 3\}$일 때 x를 구하여라.

풀이 $3\in A\cap B$이므로

$$x^2+2=3,\quad 2x+1=3$$

을 만족하여야 한다. $x=-1$일 경우는 $3\notin B$이므로 $x=1$이다.

3. 양의 정수 k의 배수의 집합을 A_k라 할 때 다음을 구하여라.

(1) $A_k\subset A_a\cap A_b$을 만족하는 k의 최소값

(2) $A_a\cup A_b\subset A_k$을 만족하는 k의 최대값

풀이 (1) $A_k\subset A_a\cap A_b$을 만족하는 k의 최소값은 a와 b의 최소공배수가 되어야 한다. 왜냐하면 $A_k\subset A_a$, $A_k\subset A_b$이므로 k는 a와 b의 공배수이기 때문이다.

(2) $A_a\cup A_b\subset A_k$을 만족하는 k의 최대값은 a와 b의 최대공약수가 되어야 한다. 왜냐하면 $A_a\subset A_k$, $A_b\subset A_k$이므로 k는 a와 b의 공약수이기 때문이다.

4. 전체집합 $U=\{1, 2, \cdots, 10\}$의 두 부분집합 A, B에 대하여

$$A^c\cap B^c=\{1, 9, 10\},\ A\cap B=\{2\},\ A^c\cap B=\{4, 6, 8\}$$

일 때 집합 A와 B를 구하여라.

풀이 $A^c\cap B^c=(A\cup B)^c=\{1, 9, 10\}$이므로$A\cup B=U-\{1, 9, 10\}=\{2, 3, \cdots, 8\}$이다. $A^c\cap B=B-A=\{4, 6, 8\}$이고 $A\cap B=\{2\}$이므로 $B=\{2, 4, 6, 8\}$이다. 한편, $A=[(A\cup B)-B]\cup(A\cap B)=\{3, 5, 7, 2\}$이다.

5. 두 집합 A, B에 대하여 $n(A)=36$, $n(B)=29$, $n(A\cup B)=52$일 때, $n(B-A)$의

값을 구하여라. (단, $n(X)$는 집합 X의 원소의 개수)

풀이
$$n(A \cup B) = n(A) + n(B) - n(A \cap B)$$
이므로
$$n(A \cap B) = n(A) + n(B) - n(A \cup B) = 36 + 29 - 52 = 13$$
이다. 따라서
$$n(B - A) = n(B \cap A^c) = n(B) - n(B \cap A) = 29 - 13 = 16$$
이다.

6. 긴 나무막대기 위에 이 막대기의 길이를 10등분, 12등분, 15등분하는 세 종류의 눈금이 새겨져 있다. 이 눈금에 따라 막대기를 자르면 모두 몇 토막이 나겠는가?

풀이 막대기의 길이를 10등분, 12등분, 15등분한다는 것은 10, 12, 15 의 최소공배수인 60 에서 6, 5, 4 의 배수를 구하는 것과 같다. 4 의 배수의 집합을 A, 5 의 배수의 집합을 B, 6 의 배수의 집합을 C 라고 하면
$$\begin{aligned} & n(A \cup B \cup C) \\ &= n(A) + n(B) + n(C) - n(A \cap B) - n(B \cap C) - n(C \cap A) + n(A \cap B \cap C) \\ &= 15 + 12 + 10 - 3 - 2 - 5 + 1 = 28 \end{aligned}$$
이다. 그러므로 28토막이 나온다.

7. 임의의 집합 A, B의 멱집합에 대하여 다음이 성립하는가를 살펴보아라.

(1) $\mathscr{P}(A) \cap \mathscr{P}(B) = \mathscr{P}(A \cap B)$

(2) $\mathscr{P}(A) \cup \mathscr{P}(B) = \mathscr{P}(A \cup B)$

풀이 (1) $V \in \mathscr{P}(A) \cap \mathscr{P}(B) \equiv (V \in \mathscr{P}(A)) \wedge (V \in \mathscr{P}(B))$
$$\equiv (V \subset A) \wedge (V \subset B) \equiv V \subset (A \cap B) \equiv V \in \mathscr{P}(A \cap B)$$
이므로 $\mathscr{P}(A) \cap \mathscr{P}(B) = \mathscr{P}(A \cap B)$ 이다.

(2) $V \in \mathscr{P}(A) \cup \mathscr{P}(B) \equiv (V \in \mathscr{P}(A)) \vee (V \in \mathscr{P}(B))$
$$\equiv (V \subset A) \vee (V \subset B) \Rightarrow V \subset (A \cup B) \equiv V \in \mathscr{P}(A \cup B)$$
이므로 $\mathscr{P}(A) \cup \mathscr{P}(B) \subset \mathscr{P}(A \cap B)$ 이다.

8. 두 집합 A와 B의 대칭차집합(symmetric difference) $A \triangle B$는

$$A \triangle B = (A-B) \cup (B-A)$$

으로 정의한다. 다음이 성립함을 보여라.

(1) $A \triangle A = \varnothing$, $A \triangle \varnothing = A$

(2) $A \triangle B = B \triangle A$

(3) $(A \triangle B) \triangle A = B$, $(A \triangle B) \triangle B = A$

(4) $A \triangle U = A^c$, $A \triangle A^c = U$

(5) $(A \triangle B) \triangle C = A \triangle (B \triangle C)$

(6) $A \cap (B \triangle C) = (A \cap B) \triangle (A \cap C)$

(7) $A = B \Leftrightarrow A \triangle B = \varnothing$

풀이 (1) $A \triangle A = (A-A) \cup (A-A) = \varnothing \cup \varnothing = \varnothing$,

$A \triangle \varnothing = (A-\varnothing) \cup (\varnothing - A) = A \cup \varnothing = A$

(2) $A \triangle B = (A-B) \cup (B-A) = (B-A) \cup (A-B) = B \triangle A$

(3) $(A \triangle B) \triangle A = ((A \triangle B)-A) \cup (A-(A \triangle B)) = (B-A) \cup (A \cap B) = B$,

$(A \triangle B) \triangle B = ((A \triangle B)-B) \cup (B-(A \triangle B)) = (A-B) \cup (A \cap B) = A$

(4) $A \triangle U = \varnothing \cup (U-A) = A^c$, $A \triangle A^c = (A-A^c) \cup (A^c-A) = A \cup A^c = U$

(5) $$\begin{aligned}(A \triangle B) \triangle C &= \{(A \triangle B)-C] \cup [C-(A \triangle B)] \\ &= [A-(B \triangle C)] \cup [(B \triangle C)-A]\} \\ &= A \triangle (B \triangle C)\end{aligned}$$

이 성립하는 것은 벤 다이어그램을 그리면 이해하기가 쉽다.

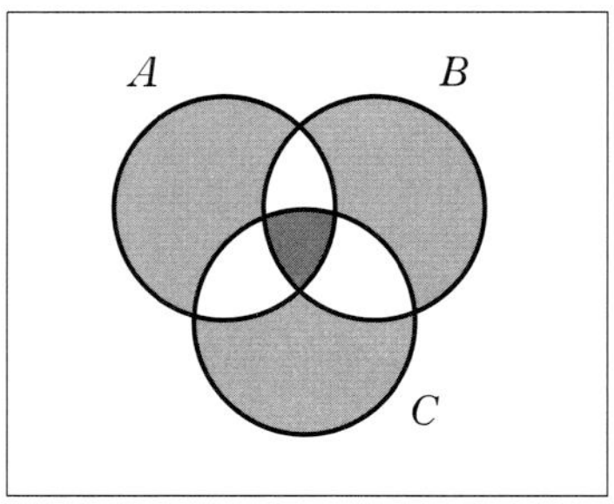

(6) $$\begin{aligned}A \cap (B \triangle C) &= A \cap \{(B-C) \cup (C-B)\} \\ &= \{A \cap (B-C)\} \cup \{A \cap (C-B)\}\end{aligned}$$

이므로 3.2절의 [보기 2]에 의하여

$$\begin{aligned}&\{A \cap (B-C)\} \cup \{A \cap (C-B)\} \\ &= \{(A \cap B)-(A \cap C)\} \cup \{(A \cap C)-(A \cap B)\}\end{aligned}$$

$$= (A \cap B) \triangle (A \cap C)$$

이다. 그러므로 $A \cap (B \triangle C) = (A \cap B) \triangle (A \cap C)$ 이다.

(7) $(\Rightarrow)$ (1)번 성질에 의하여 분명하다.

$(\Leftarrow)$ $$A \triangle B = (A-B) \cup (B-A) = \varnothing$$

이므로 $A \triangle B = \varnothing$ 이면 $A-B=\varnothing$ 이고 $B-A=\varnothing$ 이다. 그런데

$$\begin{aligned} &(A-B=\varnothing) \wedge (B-A=\varnothing) \\ \Leftrightarrow\ &(A \subset B) \wedge (B \subset A) \\ \Leftrightarrow\ &A=B \end{aligned}$$

이 성립하므로 $A \triangle B = \varnothing$ 이면 $A=B$ 이다.

연습문제 3.3

1. 다음을 구하여라.

(1) $\displaystyle\bigcap_{n \in \mathbb{N}} \left(0, \frac{1}{n}\right)$ (2) $\displaystyle\bigcap_{n \in \mathbb{N}} \left[0, \frac{1}{n}\right]$ (3) $\displaystyle\bigcup_{n \in \mathbb{N}} \left[0, \frac{1}{n}\right]$

풀이 (1) $\displaystyle\bigcap_{n \in \mathbb{N}} \left(0, \frac{1}{n}\right) \neq \varnothing$ 라고 가정하면 $x_0 \in \displaystyle\bigcap_{n \in \mathbb{N}} \left(0, \frac{1}{n}\right)$ 인 $x_0 \in \mathbb{R}$ 가 존재한다. 그러면 모든 $n \in \mathbb{N}$ 에 대하여 $0 < x_0 < \frac{1}{n}$ 이 성립한다. 그런데 $\frac{1}{n_0} < x_0$ 인 $n_0 \in \mathbb{N}$ 은 반드시 존재하므로 이것은 모든 $n \in \mathbb{N}$ 에 대하여 $x_0 < \frac{1}{n}$ 이라는 전제에 모순이다. 따라서 $\displaystyle\bigcap_{n \in \mathbb{N}} \left(0, \frac{1}{n}\right) = \varnothing$ 이다.

(2) $\{0\}$

(3) $[0, 1]$

2. 다음을 전개하여라.

(1) $\displaystyle\left(\bigcup_{\alpha \in \Lambda} A_\alpha\right) \cap \left(\bigcup_{\gamma \in \Gamma} B_\gamma\right)$ (2) $\displaystyle\left(\bigcap_{\alpha \in \Lambda} A_\alpha\right) \cup \left(\bigcap_{\gamma \in \Gamma} B_\gamma\right)$

풀이 (1) $\displaystyle\left(\bigcup_{\alpha \in \Lambda} A_\alpha\right) \cap \left(\bigcup_{\gamma \in \Gamma} B_\gamma\right) = \bigcup_{\gamma \in \Gamma} \left[\left(\bigcup_{\alpha \in \Lambda} A_\alpha\right) \cap B_\gamma\right] = \bigcup_{\gamma \in \Gamma} \left[\bigcup_{\alpha \in \Lambda} (A_\alpha \cap B_\gamma)\right]$

(2) $\left(\bigcap_{\alpha \in \Lambda} A_\alpha\right) \cup \left(\bigcap_{\gamma \in \Gamma} B_\gamma\right) = \bigcap_{\gamma \in \Gamma} \left[\left(\bigcap_{\alpha \in \Lambda} A_\alpha\right) \cup B_\gamma\right] = \bigcap_{\gamma \in \Gamma} \left[\bigcap_{\alpha \in \Lambda} (A_\alpha \cup B_\gamma)\right]$

연습문제 4.1

1. 두 집합 A, B에 대하여 어떤 조건에서 $A \times B = B \times A$이 참인 명제가 되겠는가?

풀이 (1) $A = \varnothing$ 또는 $B = \varnothing$일 때는 $A \times B = \varnothing = B \times A$이다.
(2) $A = B$일 때는 $A \times B = A \times A = B \times A$이다.
그러므로 $A = \varnothing$ 또는 $B = \varnothing$인 경우와 $A = B$ 경우이다.

2. $A \times B = \varnothing \Leftrightarrow (A = \varnothing) \vee (B = \varnothing)$임을 보여라.

풀이 ($\Rightarrow$) $A \neq \varnothing \wedge B \neq \varnothing$이면 적당한 $a \in A$, $b \in B$가 존재하여 $(a, b) \in A \times B$이므로 $A \times B \neq \varnothing$이다.
($\Leftarrow$) $A \times B \neq \varnothing$이면 $(a, b) \in A \times B$이 존재하므로 $a \in A$이고 $b \in B$가 되어 $A \neq \varnothing$이고 $B \neq \varnothing$이다.

3. 원소가 모두 9개인 데카르트 곱 $A \times A$에는 $(-1, 0)$, $(0, 1)$이 속한다고 한다. 이 때 집합 A와 $A \times A$를 구하여라.

풀이 $A \times A$의 원소가 9개이므로 A의 원소는 3개이고 -1, 0, 1이 포함되어야 하므로 $A = \{-1, 0, 1\}$이다. 그러므로

$$A \times A = \{(-1, -1), (-1, 0), (-1, 1), (1, -1), (1, 0), (1, 1), (0, -1), (0, 0), (0, 1)\}$$

이다.

4. 다음을 증명하여라.

(1) $(A \times B) \cap (C \times D) = (A \cap C) \times (B \cap D)$

(2) $(A \times B) \cup (C \times D) \subset (A \cup C) \times (B \cup D)$

풀이 (1) $(x, y) \in [(A\times B) \cap (C\times D)] \equiv [(x, y) \in A\times B] \wedge [(x, y) \in C\times D]$

$\equiv [(x \in A) \wedge (y \in B)] \wedge [(x \in C) \wedge (y \in D)]$

$\equiv [(x \in A) \wedge (x \in C)] \wedge [(y \in B) \wedge (y \in D)]$

$\equiv (x \in A \cap C) \wedge (y \in B \cap D) \equiv (x, y) \in [(A \cap C)\times(B \cap D)]$

(2) $(x, y) \in [(A\times B) \cup (C\times D)] \equiv [(x, y) \in A\times B] \vee [(x, y) \in C\times D]$

$\equiv [(x \in A) \wedge (y \in B)] \vee [(x \in C) \wedge (y \in D)]$

$\equiv [[(x \in A) \wedge (y \in B)] \vee (x \in C)] \wedge [[(x \in A) \wedge (y \in B)] \vee (y \in D)]$

$\Rightarrow [(x \in A) \vee (x \in C)] \wedge [(y \in B) \vee (y \in D)]$

$\equiv (x, y) \in (A \cup C)\times(B \cup D)$

5. [정의 4.1]에 의하여 $(a, b) = (c, d) \Leftrightarrow a = c \wedge b = d$ 이 성립함을 증명하여라.

풀이 ($\Leftarrow$) $a = c$ 이고 $b = d$ 이면 $\{a\} = \{c\}$, $\{a, b\} = \{c, d\}$ 이므로

$$(a, b) = \{\{a\}, \{a, b\}\} = \{\{c\}, \{c, d\}\} = (c, d)$$

이다.

($\Rightarrow$) $(a, b) = (c, d)$, 즉 $\{\{a\}, \{a, b\}\} = \{\{c\}, \{c, d\}\}$ 라고 하자.

(1) $a = b$ 인 경우에는 $\{\{a\}, \{a, b\}\} = \{\{a\}\} = \{\{c\}, \{c, d\}\}$ 이므로 $\{c\} = \{a\} = \{c, d\}$ 이 되어 $c = d = a = b$ 이다.

(2) $a \neq b$ 인 경우에는 $\{\{a\}, \{a, b\}\} = \{\{c\}, \{c, d\}\}$ 이므로 $\{a\} = \{c\}$ 이 되어 $a = c$ 이다. 또한 $\{a, b\} = \{c, d\}$ 이므로 $b \in \{c, d\}$ 이 되어 $b = d$ 이 된다. 만약 $b = c$ 이면 $a = c = b$ 이 되어 $a \neq b$ 이라는 가정에 모순이 되기 때문이다. 따라서 $a = c$ 이고 $b = d$ 이다.

연습문제 4.2

1. "$2x+y= 10$"으로 정의된 자연수의 집합 $\mathbb{N}$ 에서의 관계 $\Re$, 즉

$$\Re = \{(x, y) \in \mathbb{N}\times\mathbb{N} \mid 2x+y = 10\}$$

에 대하여 다음을 구하여라.

(1) 관계 $\Re$을 $\mathbb{N}\times\mathbb{N}$ 의 좌표도면 위에 나타내어라.

(2) $Dom(\Re)$

(3) $Ran(\Re)$

(4) $\Re^{-1}$

풀이 (1) 관계 $\Re$을 $\mathbb{N} \times \mathbb{N}$의 좌표도면 위에 나타내어라.

$\Re = \{(1, 8), (2, 6), (3, 4), (4, 2)\}$이므로 $\Re$을 $\mathbb{N} \times \mathbb{N}$의 좌표도면 위에 그리면 다음과 같다.

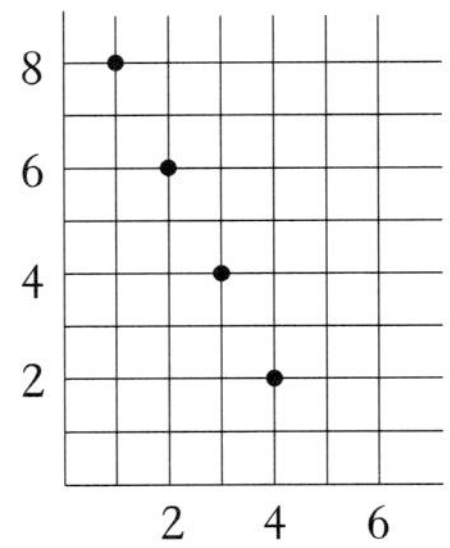

(2) $Dom(\Re) = \{1, 2, 3, 4\}$

(3) $Ran(\Re) = \{8, 6, 4, 2\}$

(4) $\Re^{-1} = \{(x, y) \in \mathbb{N} \times \mathbb{N} \mid x+2y = 10\}$
$= \{(8, 1), (6, 2), (4, 3), (2, 4)\}$

2. $A = \{a, b, c\}$, $\Re = \{(a, a), (b, b), (c, c), (a, b), (b, a), (c, a), (a, c)\}$일 때 $\Re$은 반사적이고 대칭적인 관계이지만 추이적인 관계는 되지 않음을 보여라.

풀이 (1) 각 $a, b, c \in A$에 대하여 $(a, a), (b, b), (c, c) \in \Re$이므로 반사적 관계이다.

(2) $(a, a), (b, b), (c, c) \in \Re$이고, $(a, b) \in \Re \Leftrightarrow (b, a) \in \Re$이며 $(a, c) \in \Re \Leftrightarrow (c, a) \in \Re$이기 때문에 대칭적 관계이다.

(3) $[(b, a) \in \Re \wedge (a, c) \in \Re \Rightarrow (b, c) \in \Re]$이 성립하지 않기 때문에 추이적인 관계는 아니다.

3. 집합 A의 원소가 m개, B의 원소가 n개이면 A에서 B로의 관계는 모두 몇 개인가?

풀이 $A \times B$의 원소의 개수는 mn개이므로 $A \times B$의 부분집합의 저수는 2^{mn}이다. 따라서 A에서 B로의 관계는 $2^{mn} - 1$개가 존재한다.

4. 집합 A에서 집합 B로의 관계 $\Re$에 대하여 다음을 증명하여라.

(1) $Dom(\Re^{-1}) = Ran(\Re)$

(2) $Ran(\Re^{-1}) = Dom(\Re)$

풀이 (1)

$$\begin{aligned} & b \in Dom(\Re^{-1}) \\ \Leftrightarrow\ & \exists a \in A,\ (b, a) \in \Re^{-1} \\ \Leftrightarrow\ & \exists a \in A,\ (a, b) \in \Re \\ \Leftrightarrow\ & b \in Ran(\Re) \end{aligned}$$

(2)

$$\begin{aligned} & a \in Ran(\Re^{-1}) \\ \Leftrightarrow\ & \exists b \in B,\ (b, a) \in \Re^{-1} \\ \Leftrightarrow\ & \exists b \in B,\ (a, b) \in \Re \\ \Leftrightarrow\ & a \in Dom(\Re) \end{aligned}$$

5. 집합 X에서의 관계 $\Re$에 대하여 다음을 증명하여라.

(1) $\Delta_X \subset \Re$인 경우, 또 그 경우에 한하여 $\Re$은 반사적이다.

(2) $\Re = \Re^{-1}$인 경우, 또 그 경우에 한하여 $\Re$은 대칭적이다.

(3) $\Re \circ \Re \subset \Re$인 경우, 또 그 경우에 한하여 $\Re$은 추이적이다.

(4) $\Re \cap \Re^{-1} \subset \Delta_X$인 경우, 또 그 경우에 한하여 $\Re$은 반 대칭적이다.

(5) $\Re^{-1}$가 동치관계인 경우, 또 그 경우에 한하여 $\Re$은 동치관계이다.

풀이 (1) ($\Rightarrow$) 임의의 $x \in X$에 대하여 $(x, x) \in \Delta_X \subset \Re$이므로 $\Re$은 반사적이다.

($\Leftarrow$) 임의의 $x \in X$와 $(x, x) \in \Delta_X$에 대하여 $\Re$은 반사적이므로 $(x, x) \in \Re$이다. 따라서 $\Delta_X \subset \Re$이 성립한다.

(2) ($\Rightarrow$) $(x, y) \in \Re \Leftrightarrow (y, x) \in \Re^{-1} = \Re$이다. 따라서 $\Re$은 대칭적이다.

($\Leftarrow$) $\Re$이 대칭적이므로 $(x, y) \in \Re \Leftrightarrow (y, x) \in \Re \Leftrightarrow (x, y) \in \Re^{-1}$이다. 따라서 $\Re = \Re^{-1}$이다.

(3) ($\Rightarrow$) $(x, y) \in \Re$, $(y, z) \in \Re$이면 $(x, z) \in \Re \circ \Re \subset \Re$이다. 따라서 $\Re$은 추이적이다.

($\Leftarrow$) 임의의 $(x, y) \in \Re \circ \Re$에 대하여 $(x, z) \in \Re$와 $(z, y) \in \Re$을 만족하는 적당한 $z \in X$가 존재한다. 따라서 $\Re$이 추이적이므로 $(x, y) \in \Re$이 되어 $\Re \circ \Re \subset \Re$이 성립한다.

(4) ($\Rightarrow$) $(x, y) \in \Re$, $(y, x) \in \Re$이라 하면 $(x, y) \in \Re$, $(x, y) \in \Re^{-1}$이므로

$$(x, y) \in \mathfrak{R} \cap \mathfrak{R}^{-1} \subset \Delta_X$$

이 되어 $x=y$ 이다. 따라서 $\mathfrak{R}$ 은 반 대칭적이다.

($\Leftarrow$) $(x, y) \in \mathfrak{R} \cap \mathfrak{R}^{-1}$ 이면 $(x, y) \in \mathfrak{R}$ 이고 $(x, y) \in \mathfrak{R}^{-1}$ 이다.
$(x, y) \in \mathfrak{R}$ 이고 $(y, x) \in \mathfrak{R}$ 이므로 반 대칭성에 의하여 $x=y$ 이다.
따라서 $(x, y) \subset \Delta_X$ 이 되어 $\mathfrak{R} \cap \mathfrak{R}^{-1} \subset \Delta_X$ 이다.

(5) $\mathfrak{R}$ 이 반사적이고 대칭적이며 추이적이라는 것과 $\mathfrak{R}^{-1}$ 이 반사적이고 대칭적이며 추이적이라는 것은 동치이다. 따라서 정리는 성립한다.

6. 집합 $X=\mathbb{Z}\times(\mathbb{Z}-\{0\})$ 에서의 관계 $\sim$ 을 다음과 같이 정의하면 $\sim$ 은 X 에서의 동치관계임을 증명하여라.

$$(a, b)\sim(c, d) \Leftrightarrow ad=bc$$

풀이 (1) $[\forall (a, b) \in X, ab=ba] \Rightarrow (a, b)\sim(a, b)$

(2) $(a, b)\sim(c, d) \Rightarrow ad=bc \Rightarrow cb=da \Rightarrow (c, d)\sim(a, b)$

(3) $(a, b)\sim(c, d) \wedge (c, d)\sim(e, f) \Rightarrow ad=bc \wedge cf=de$
이고, $f\neq 0$ 이므로 $c=\dfrac{de}{f}$ 을 $ad=bc$ 에 대입하면 $adf=bde$ 을 얻는다.
그런데 $d\neq 0$ 이므로 $af=be$ 이다. 이것은 $(a, b)\sim(e, f)$ 을 의미한다.

7. $\mathfrak{I}$ 가 집합 $X\neq\varnothing$ 의 분할인 경우 동치관계 $X/\mathfrak{I}$ 에 대하여 $X/\mathfrak{I}=\bigcup_{A\in\mathfrak{I}} A\times A$ 임을 증명하여라.

풀이 $(x, y)\in X/\mathfrak{I} \Leftrightarrow \exists A\in\mathfrak{I}\,(x, y\in A) \Leftrightarrow \exists A\in\mathfrak{I}, (x, y)\in A\times A$

$$\Leftrightarrow (x, y)\in \bigcup_{A\in\mathfrak{I}} A\times A$$

8. $X=\{a, b, c, d, e\}$, $\mathfrak{I}=\{\{a, b\}, \{c\}, \{d, e\}\}$ 에 대하여 다음에 답하여라.

(1) $\mathfrak{I}$ 는 집합 X 의 분할임을 보여라.

(2) 순서쌍의 집합으로 X 에서의 동치관계 $X/\mathfrak{I}$ 를 구하여라.

(3) $\mathcal{E}=X/\mathfrak{I}$ 라고 할 때 $a/\mathcal{E}$, $b/\mathcal{E}$, $c/\mathcal{E}$, $d/\mathcal{E}$, $e/\mathcal{E}$ 을 구하여라.

풀이 (1) $\{a, b\}$, $\{c\}$, $\{d, e\}$ 은 모두 공집합이 아니며 서로 소이고

$$\{a, b\}\cup\{c\}\cup\{d, e\}=X$$

이므로 $\mathfrak{I}$ 는 집합 X 의 분할이다.

(2) $(x, y) \in X/\mathfrak{I} \Leftrightarrow \exists A \in \mathfrak{I}\,(x, y \in A) \Leftrightarrow \exists A \in \mathfrak{I},\ (x, y) \in A \times A$
이므로
$$X/\mathfrak{I} = \{(a, a), (b, b), (a, b), (b, a), (c, c), (d, d), (e, e), (d, e), (e, d)\}$$
이다.

(3) $a/\mathcal{E} = \{a, b\} = b/\mathcal{E}$, $c/\mathcal{E} = \{c\}$, $d/\mathcal{E} = \{d, e\} = e/\mathcal{E}$

연습문제 4.3

1. 다음은 $\mathbb{R}$ 에서 $\mathbb{R}$ 으로의 함수들이다. 각 함수의 치역을 구하여라.

(1) $f(x) = 2x^2 + 5$　　(2) $g(x) = \cos x$　　(3) $h(x) = x^3 - 1$

풀이 (1) $[5, \infty)$　　(2) $[-1, 1]$　　(3) $\mathbb{R}$

2. $X = \{x, y, z\}$, $Y = \{1, 2, 3\}$ 에 대하여 다음 중 X에서 Y로의 함수를 구하고, 함수가 되지 않는 경우에는 그 이유를 말하여라.

(1) $f = \{(x, 1), (y, 1), (z, 3)\}$

(2) $g = \{(x, 1), (y, 3), (x, 2)\}$

(3) $h = \{(x, 2), (y, 3), (z, 3), (x, 1)\}$

풀이 (1) f 는 함수이다.
(2) $z \notin Dom(g)$ 이므로 $Dom(g) \neq X$ 이 되어 g 는 함수가 아니다.
(3) $(x, 2), (x, 1) \in h$ 이므로 h 는 함수가 아니다.

3. $R = \{1, 2, 3, 4, 5, 6\}$, $R = \{1, 2, 3, 4\}$ 에 대하여 아래 $R \times S$의 좌표도면 위에 있는 점들의 집합 g는 R에서 S로의 함수이다. 다음을 구하여라.

(1) $g(2)$, $g(4)$

(2) $g^{-1}(2)$, $g^{-1}(4)$

(3) $\{x \in R \mid g(x) < 3\}$

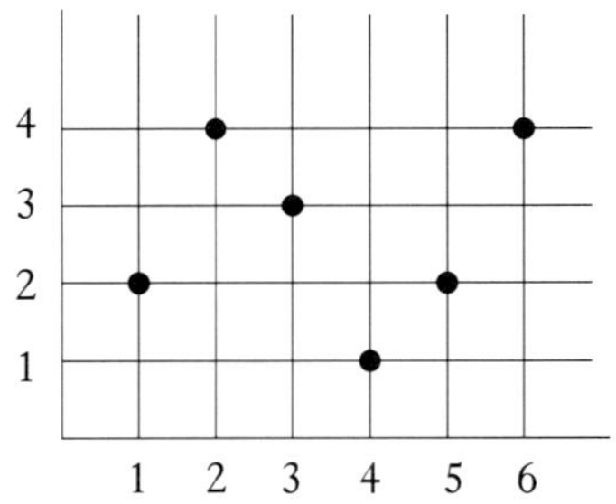

풀이 (1) $g(2)=4,\ g(4)=1$

(2) $g^{-1}(2)=\{1, 5\},\ g^{-1}(4)=\{2, 6\}$

(3) $\{x \in R \mid g(x)<3\} = \{1, 4, 5\}$

4. $X=\{x, y, z\}$, $Y=\{1, 2\}$에 대하여 X에서 Y로의 함수는 모두 몇 개인가? 일반적으로 집합 X, Y의 원소가 각각 m, n개이면 X에서 Y로의 함수는 모두 몇 개인가? 또 상수함수는 몇 개인가?

풀이 각 x, y, z의 상으로 2개씩 대응시킬 수 있으므로 $2 \cdot 2 \cdot 2 = 2^3$개이다. 마찬가지로 집합 X, Y의 원소가 각각 m, n개이면 X에서 Y로의 함수는 n^m개이다. 상수함수의 수는 각각 공역의 원소의 수인 2개와 n개다.

5. 함수 $f: X \to X$가 X에서의 반사적 관계이면 f는 항등함수임을 증명하여라.

풀이 $(x, y) \in f$라고 하자. f가 반사적이므로 $(x, x) \in f$이다. 그런데 f는 함수이므로 $y=x$가 되지 않으면 안 된다. 즉, 모든 $x \in X$에 대하여 $f(x)=x$이므로 $f: X \to X$는 항등함수 $1_X: X \to X$와 같다.

6. $X=[0, 1]$일 때 X에서의 대칭적 관계인 함수 $f: X \to X$를 구하여라.

풀이 함수 f가 대칭적이므로 임의의 $x \in [0, 1]$에 대하여 $(x, y) \in f$이면 $(y, x) \in f$이 되어야 한다. 즉, $f \subset [0, 1] \times [0, 1]$인 함수로서 $Dom(f) = X$이고 $y=x$에 대칭인 모든 점을 포함하여야 하는 것은 임의의 $x \in [0, 1]$에 대하여

$$f(x)=x \ \text{또는}\ f(x)=1-x$$

인 함수뿐이다.

7. 두 함수 $f : X \to Y$와 $g : X \to Y$에 대하여 $f \subset g$이면 $f = g$임을 증명하여라.

풀이 임의의 $x \in X$에 대하여 $(x, f(x)) \in f \subset g$이므로 $g(x) = f(x)$이다. 따라서 $f = g$이다.

8. 함수 $f : X \to Y$와 임의의 부분집합 $A, B \subset X$에 대하여 다음이 성립함을 보여라.

$$f(A) - f(B) \subsetneq f(A - B)$$

풀이 $y \in f(A) - f(B) \Rightarrow y \in f(A) \wedge y \notin f(B) \Rightarrow \exists x \in A\ (f(x) = y) \wedge x \notin B$

$\Rightarrow \exists x \in A - B,\ f(x) = y \Rightarrow y \in f(A - B)$

$X = \{a, b, c\}$, $A = \{a, b\}$, $B = \{c\}$이고 함수 $f : X \to Y$를 $f(X) = \{p\}$인 상수함수라 하면 $f(A) - f(B) = \varnothing \subset f(A - B) = f(A) = \{p\}$이 성립한다.

9. 집합 X, Y의 데카르트 곱 $X \times Y$의 임의의 원소 (x, y)에 대하여

$$p_X(x, y) = x, \quad p_Y(x, y) = y$$

로 정의된 함수 $p_X : X \times Y \to X$와 $p_Y : X \times Y \to Y$를 각각 X-사영과 Y-사영이라고 한다. p_X와 p_Y가 모두 전사임을 증명하여라. 또 p_X가 단사함수이기 위한 충분조건을 구하여라.

풀이 임의의 $x \in X$에 대하여 $(x, y) \in X \times Y$들은 모두 $p_X(x, y) = x$를 만족하므로 p_X가 전사함수인 것은 분명하다. p_Y가 전사함수인 것도 분명하다. 집합 Y가 한원소집합이면

$$(x, y_0) \neq (x^*, y_0) \Rightarrow p_X(x, y_0) \neq p_X(x^*, y_0)$$

이 성립하는 것은 분명하다. 따라서 $p_X : X \times Y \to X$는 단사함수이다.

$(x, y_1) \neq (x, y_2)$이지만 $p_X(x, y_1) = p_X(x, y_2)$이 될 수 있음을 유의하여야 한다.

10. 원소가 m개인 유한집합 X에 대하여 X에서 X로의 전단사함수는 모두 몇

개 있는가?

풀이 임의로 택한 X의 첫 번째 원소 x_1에 대응시킬 수 있는 공역 X의 원소는 m개이지만 전단사 함수가 되기 위해서는 x_1을 제외한 두 번째 X의 원소에 대응시킬 수 있는 공역 X의 원소는 $m-1$개만 해당된다. 이와 같은 방법으로 X에서 X로의 전단사함수를 만들 수 있는 경우는 모두

$$m(m-1)(m-2)\cdots 1 = m!$$

개이다.

11. 함수 $f : X \to Y$와 임의의 부분집합 $B \subset Y$에 대하여 다음이 성립함을 보여라.

(1) $f(f^{-1}(B)) = f(X) \cap B$

(2) $f^{-1}(Y-B) = X - f^{-1}(B)$

풀이 (1) $y \in f(f^{-1}(B)) \Leftrightarrow \exists x \in f^{-1}(B) \subset X,\ y = f(x)$
$\Leftrightarrow y = f(x) \in B \cap f(X)$

(2) $x \in f^{-1}(Y-B) \Leftrightarrow f(x) \in Y-B \Leftrightarrow f(x) \in Y \wedge f(x) \not\in B$
$\Leftrightarrow x \in f^{-1}(Y) \wedge x \not\in f^{-1}(B) \Leftrightarrow x \in X - f^{-1}(B)$

12. 함수 $f : X \to Y$와 임의의 부분집합 $A \subset X,\ B \subset Y$에 대하여 다음이 성립함을 보여라.

(1) f가 단사이면 $f^{-1}(f(A)) = A$이다.

(2) f가 전사이면 $f(f^{-1}(B)) = B$이다.

풀이 (1) [정리 4.13]에 의하여 $f^{-1}(f(A)) \supset A$이다. 역을 증명하기 위하여 $x \in f^{-1}(f(A))$라 하면 $f(x) \in f(A)$이므로 적당한 $x' \in A$가 있어서 $f(x) = f(x')$이 성립한다. 그런데 f가 단사이므로 $x = x'$이다. 따라서 $x \in A$이 되어 $f^{-1}(f(A)) \subset A$이다. 그러므로 f가 단사이면 $f^{-1}(f(A)) = A$이다.

(2) 일반적으로 [정리 4.13]에 의하여 $f(f^{-1}(B)) \subset B$이다. 그런데 위 연습문제 11번의 (1)의 성질에 의하여 f가 전사함수이면

$$f(f^{-1}(B)) = f(X) \cap B = Y \cap B = B$$

이다.

13. $f : X \to Y$와 $g : Y \to Z$이 전단사함수이면 다음이 성립함을 증명하여라.

$$(g \circ f)^{-1} = f^{-1} \circ g^{-1}$$

풀이 $f : X \to Y$와 $g : Y \to Z$이 전단사함수이므로 $g \circ f$, g^{-1}, f^{-1}는 모두 전단사 함수이다. 따라서 $(g \circ f)^{-1}$은 존재하고 [정리 4.3]에 의하여

$$(g \circ f)^{-1} = f^{-1} \circ g^{-1}$$

은 성립한다.

14. 함수 $f : X \to Y$에 대하여 $g \circ f = 1_X$, $f \circ h = 1_Y$을 만족하는 함수 $g : Y \to X$와 함수 $h : Y \to X$이 존재한다면 f는 전단사함수이고 $g = h = f^{-1}$임을 증명하여라.

풀이 (1) [정리 4.15]에 의하여 $g \circ f = 1_X$이므로 f는 단사함수이고, $f \circ h = 1_Y$이므로 f는 전사함수이다. 따라서 f는 전단사함수이다.

(2)
$$g = g \circ 1_Y = g \circ (f \circ f^{-1}) = (g \circ f) \circ f^{-1} = 1_X \circ f^{-1} = f^{-1},$$
$$h = 1_X \circ h = (f^{-1} \circ f) \circ h = f^{-1} \circ (f \circ h) = f^{-1} \circ 1_Y = f^{-1}$$

이므로 $g = f^{-1} = h$이다.

연습문제 5.1

1. A가 무한집합이면 $A \times A$도 무한집합임을 증명하여라.

풀이 (1) A가 무한집합이므로 $f(A) \neq A$인 단사함수 $f : A \to A$가 존재한다. 함수 $g : A \times A \to A \times A$을 임의의 $(x, y) \in A \times A$에 대하여

$$g(x, y) = (f(x), f(y))$$

으로 정의하면 g는 단사함수가 되고, $f(A) \neq A$이므로 $g(A \times A) \neq A \times A$이 되어 $A \times A$는 무한집합이다.

(2) A가 무한집합이므로 임의의 $a_0 \in A$에 대하여

$$A \sim A \times \{a_0\} \subset A \times A$$

이 성립하는 것은 분명하다. 따라서 [정리 5.2]에 의하여 $A \times \{a_0\}$는 무한집합이고 [정리 5.1]에 의하여 $A \times A$도 무한집합이다.

2. 무한집합 X의 부분집합 Y가 유한집합이면 $X-Y$는 무한집합임을 증명하여라.

풀이 (1) $Y = \{y_1, y_2, \cdots, y_n\}$이라 하면 $X-Y = (X-\{y_1\})-\{y_2\}-\cdots-\{y_n\}$이므로 [정리 5.4]를 차례로 적용하여 $X-Y$가 무한집합이 됨을 알 수 있다.

(2) X는 무한집합, $Y \subset X$는 유한집합, $X-Y$가 유한집합이라 가정하면 $X=(X-Y) \cup Y$이므로 X는 유한집합이 되어 모순이다. 따라서 $X-Y$는 무한집합이다.

3. 두 집합 X, Y에 대하여 $X \times Y \sim Y \times X$임을 증명하여라.

풀이 함수 $f : X \times Y \to Y \times X$를 $f(x, y) = (y, x)$로 정의하면

$$f(x_1, y_1) = f(x_2, y_2) \Leftrightarrow (y_1, x_1) = (y_2, x_2) \Leftrightarrow [y_1 = y_2] \wedge [x_1 = x_2]$$
$$\Leftrightarrow (x_1, y_1) = (x_2, y_2),$$
$$\forall (y, x) \in Y \times X, \ \exists (x, y) \in X \times Y, \ f(x, y) = (y, x)$$

이므로 함수 $f : X \times Y \to Y \times X$는 일대일 대응이다.

4. 두 집합 X, Y에 대하여 $(X-Y) \sim (Y-X)$이면 $X \sim Y$임을 증명하여라.

풀이 $f : (X-Y) \sim (Y-X)$에 대하여 함수 $g : X \to Y$를

$$g(x) = \begin{cases} f(x), & x \in X-Y \\ x, & x \in X \cap Y \end{cases}$$

으로 정의하면 $X-Y = X-(X \cap Y)$, $Y-X = Y-(X \cap Y)$이므로 g는 일대일 대응이다. 따라서 $X \sim Y$이다.

5. 세 집합 X, Y, Z에 대하여 $(X \times Y) \times Z \sim X \times (Y \times Z)$임을 증명하여라.

풀이 $f((x, y), z) = (x, y, z)$와 $g(x, (y, z)) = (x, y, z)$로 정의된 함수

$$f : (X \times Y) \times Z \to X \times Y \times Z, \quad g : X \times (Y \times Z) \to X \times Y \times Z$$

는 각각 전단사이므로

$$(X\times Y)\times Z\sim X\times Y\times Z,\ X\times(Y\times Z)\sim X\times Y\times Z$$

이 성립한다. 따라서

$$(X\times Y)\times Z\sim X\times(Y\times Z)$$

이다.

6. 모든 짝수인 자연수의 집합 $\mathbb{N}_e$와 모든 홀수인 자연수의 집합 $\mathbb{N}_o$에 대하여 $\mathbb{N}_e\sim\mathbb{N}_o$임을 증명하여라.

풀이 $f(x)=2x$와 $g(x)=2x-1$로 정의된 함수 $f:\mathbb{N}\to\mathbb{N}_e$와 $g:\mathbb{N}\to\mathbb{N}_o$는 각각 전단사이므로 $\mathbb{N}\sim\mathbb{N}_e$와 $\mathbb{N}\sim\mathbb{N}_o$이 성립한다. 따라서 $\mathbb{N}_e\sim\mathbb{N}_o$이다.

7. $\{X_\alpha\mid\alpha\in\Lambda\}$, $\{Y_\alpha\mid\alpha\in\Lambda\}$가 각각 서로 소인 집합들의 모임일 때 모든 $\alpha\in\Lambda$에 대하여 $X_\alpha\sim Y_\alpha$이면 $\bigcup_{\alpha\in\Lambda}X_\alpha\sim\bigcup_{\alpha\in\Lambda}Y_\alpha$임을 증명하여라.

풀이 각 $\alpha\in\Lambda$에 대하여 $f_\alpha:X_\alpha\sim Y_\alpha$라 하고, 함수 $f:\bigcup_{\alpha\in\Lambda}X_\alpha\to\bigcup_{\alpha\in\Lambda}Y_\alpha$을 모든 $x\in X_\alpha$에 대하여 $f(x)=f_\alpha(x)$로 정의한다. 그러면 $\{X_\alpha\mid\alpha\in\Lambda\}$, $\{Y_\alpha\mid\alpha\in\Lambda\}$가 각각 서로 소인 집합들의 모임이므로 함수 f는 잘 정의된 전단사함수이다.

연습문제 5.2

1. 번호 붙일 수 있는 집합 X와 유한집합 Y에 대하여 $X\cup Y$는 번호 붙일 수 있는 집합임을 증명하여라.

풀이 n개의 원소로 이루어진 유한집합 $Y=\{a_1, a_2, \cdots, a_n\}$과 번호 붙일 수 있는 집합 $X=\{x_1, x_2, x_3, \cdots\}$에 대하여 $Y\subset X$이면 $X\cup Y=X$가 되어 분명하므로 $X\cap Y=\varnothing$이라 가정해도 일반성을 잃지 않는다. 함수 $f:\mathbb{N}\to Y\cup X$를

$$f(1)=a_1,\ f(2)=a_2,\ \cdots,\ f(n)=a_n,\ f(n+1)=x_1,\ \cdots,\ f(n+k)=x_k,\ \cdots$$

으로 정의하면 f는 전단사함수이다. 따라서 $X\cup Y$는 번호 붙일 수 있는 집

합이다.

2. 집합 $\mathbb{Z}\times\mathbb{N}$, $\mathbb{Z}\times\mathbb{Z}$, $\mathbb{Q}\times\mathbb{Q}$ 은 모두 번호 붙일 수 있는 집합임을 증명하여라.

풀이 $\mathbb{N}$, $\mathbb{Z}$, $\mathbb{Q}$ 가 모두 번호 붙일 수 있는 집합이므로 5.2절의 [보기 2]에 의하여 $\mathbb{Z}\times\mathbb{N}$, $\mathbb{Z}\times\mathbb{Z}$, $\mathbb{Q}\times\mathbb{Q}$ 도 모두 번호 붙일 수 있는 집합이다.

3. 데카르트 평면에서 중심의 좌표와 반지름의 길이가 모두 유리수인 원 전체의 집합은 번호 붙일 수 있는 집합임을 증명하여라.

풀이 중심의 좌표와 반지름의 길이가 모두 유리수인 원 전체의 집합을 $\mathfrak{C}$ 이라 하고, $((x, y), z)\equiv(x, y, z)$ 에 대하여 (x, y)는 원의 중심, z는 원의 반지름을 나타낸다고 하면 $f(s)=(x, y, z)$ 로 정의된 함수 $f:\mathfrak{C}\to\mathbb{Q}\times\mathbb{Q}\times\mathbb{Q}$ 는 분명히 단사이다. 그런데 $\mathbb{Q}\sim\mathbb{N}$ 이고 $\mathbb{Q}\times\mathbb{Q}\times\mathbb{Q}\sim\mathbb{N}\times\mathbb{N}\times\mathbb{N}\sim\mathbb{N}\times\mathbb{N}\sim\mathbb{N}$ 이며 $f(\mathfrak{C})\subset\mathbb{Q}\times\mathbb{Q}\times\mathbb{Q}$ 이므로 $f(\mathfrak{C})$는 번호 붙일 수 있는 집합의 무한부분집합이다. 따라서 $f(\mathfrak{C})$는 번호 붙일 수 있는 집합이 되어 $\mathfrak{C}$ 도 번호 붙일 수 있는 집합이 된다.

연습문제 5.3

1. 0과 1 사이에 있는 모든 무리수의 집합은 번호 붙일 수 없는 집합임을 증명하여라.

풀이 0과 1 사이에 있는 모든 무리수의 집합이 번호 붙일 수 있는 집합이라고 가정하자. 그러면 0과 1 사이에 있는 모든 유리수의 집합은 번호 붙일 수 있는 집합이므로 열린 구간 $(0, 1)$은 번호 붙일 수 있는 집합이 된다. 이것은 [정리 5.15]에 모순이다. 따라서 0과 1 사이에 있는 모든 무리수의 집합은 번호 붙일 수 없는 집합이다.

2. 집합 X, Y에 대하여 $X\sim Y$일 때 X가 셀 수 없는 집합이면 Y도 셀 수 없는

집합임을 증명하여라.

풀이 Y를 셀 수 있는 집합이라고 가정하면 Y는 유한집합이거나 번호 붙일 수 있는 집합이 된다. $X \sim Y$이므로 [정리 5.2]와 [정리 5.3]에 의하여 X도 유한집합이거나 번호 붙일 수 있는 집합이다. 즉, X는 셀 수 있는 집합이 되어 가정에 모순된다.

연습문제 6.1

1. 자연수가 아닌 기수를 3가지만 구하여라.

풀이 $card\ \varnothing = 0$, $card\ \mathbb{N}$, $card\ \mathbb{R}$

2. $card\{\varnothing, \{\varnothing\}, \{\varnothing, \{\varnothing\}\}\}$을 구하여라.

풀이 $card\{\varnothing, \{\varnothing\}, \{\varnothing, \{\varnothing\}\}\} = card\ N_3 = 3$

3. $A = \{a, b, c\}$, $B = \{1, 2\}$에 대하여 다음을 구하여라.

$$card\ A,\quad card\ B,\quad card\ A \times B$$

풀이 $card\ A = 3$, $card\ B = 2$, $card\ A \times B = 6$

연습문제 6.2

1. $card\ \mathbb{N}$는 가장 작은 초한기수임을 증명하여라.

풀이 a를 초한기수라 하면 $card\ A = a$를 만족하는 적당한 무한집합 A가 존재한다. 이 집합 A는 [정리 5.9]에 의하여 번호 붙일 수 있는 부분집합 B를 갖는다. 그러므로 $\mathbb{N} \sim B \subset A$이다. 따라서 $card\ \mathbb{N} \leq a$이다.

2. 두 집합 A, B에 대하여 단사함수 $f: A \to B$가 존재하기 위한 필요충분조건은 $card\, A \leq card\, B$임을 증명하여라.

풀이 ($\Rightarrow$) $f: A \to B$가 단사함수이면 $A \sim f(A) \subset B$이므로 $card\, A \leq card\, B$이다.
($\Leftarrow$) $card\, A \leq card\, B$이라고 하면 적당한 $B_0 \subset B$가 존재하여 $A \sim B_0$이다. 만일 $g: A \sim B_0$이면 $f(x) = g(x)$로 정의된 함수 $f: A \to B$는 단사이다.

3. 집합 A, B, C에 대하여 $A \subset B \subset C$이고 $A \sim C$이면 $A \sim B$임을 증명하여라.

풀이 $B \sim B \subset C$, $C \sim A \subset B$이므로 슈뢰더-베른슈타인 정리에 의하여 $B \sim C$이다. 따라서 가정에 의하여 $A \sim C$이므로 $A \sim B$이다.

연습문제 6.3

1. 가장 큰 기수는 존재하지 않음을 증명하여라.

풀이 가장 큰 기수 a가 존재한다면 C1에 의하여 $card\, A = a$인 집합 A가 존재한다. 그런데 [정리 6.4]에 의하여 $a = card\, A < card\, \mathscr{P}(A)$이 성립하므로 a가 가장 큰 기수라는 가정에 모순이 된다.

2. 집합 A, B에 대하여 $card\, A = card\, B$이면 $card\, \mathscr{P}(A) = card\, \mathscr{P}(B)$임을 증명하여라.

풀이 $card\, A = card\, B$이면 $f: A \sim B$가 존재한다. 임의의 $G \in \mathscr{P}(A)$에 대하여 함수 $\tilde{f}(G) = f(G)$로 정의된 함수 $\tilde{f}: \mathscr{P}(A) \to \mathscr{P}(B)$는 f가 전단사이므로 $\tilde{f}$도 전단사이다. 따라서 $\mathscr{P}(A) \sim \mathscr{P}(B)$이 되어 $card\, \mathscr{P}(A) = card\, \mathscr{P}(B)$이다.

3. 임의의 번호 붙일 수 있는 집합 A의 멱집합 $\mathscr{P}(A)$는 번호 붙일 수 없는 집합임을 증명하여라.

풀이 $\mathscr{P}(A)$가 번호 붙일 수 있는 집합이 되는 적당한 번호 붙일 수 있는 집합 A가 존재한다면 $card\ A = card\ \mathscr{P}(A)$이 되어 칸토르의 정리에 모순이다. 그러므로 $\mathscr{P}(A)$는 번호 붙일 수 없는 집합이다.

연습문제 6.4

1. 임의의 기수 a에 대하여 $a+0=a$임을 증명하여라.

풀이 $card\ A = a$이라 하면 $card\ \varnothing = 0$이고 $A \cup \varnothing = A \sim A$이므로 $a+0=a$이다.

2. 다음이 성립함을 증명하여라.

(1) $n+\aleph_0 = \aleph_0$

(2) $n+c=c$

(3) $n^{\aleph_0} = \aleph_0^{\aleph_0} = c \quad (n \geq 2)$

풀이 (1) $card\ A = n$이고 $\mathbb{N} \cap A = \varnothing$인 집합을 $A = \{a_1, a_2, \cdots, a_n\}$라고 하면

$$n+\aleph_0 = card\ (A \cup \mathbb{N}) = card\ \mathbb{N} = \aleph_0$$

이다.

(2) $A = \{1, 2, \cdots, n\}$, $B = (n+1, n+2)$라고 하면 $n+c = card\ (A \cup B)$이고

$$A \cup B \sim A \cup B \subset \mathbb{R},\ \mathbb{R} \sim B \subset A \cup B$$

이므로 $n+c = card\ \mathbb{R} = c$이다.

(3) 임의의 유한기수 $n \geq 2$에 대하여

$$c = 2^{\aleph_0} \leq n^{\aleph_0} \leq \aleph_0^{\aleph_0} \leq (2^{\aleph_0})^{\aleph_0} = 2^{\aleph_0 \aleph_0} = 2^{\aleph_0} = c$$

이 성립한다. 따라서 $n^{\aleph_0} = c = \aleph_0^{\aleph_0}$이다.

3. [정리 6.10]을 이용하여 다음을 증명하여라.

(1) $cc=c$

(2) $c^{\aleph_0} = c$

풀이 (1) $cc = 2^{\aleph_0}2^{\aleph_0} = 2^{\aleph_0+\aleph_0} = 2^{\aleph_0} = c$

(2) $c^{\aleph_0} = (2^{\aleph_0})^{\aleph_0} = 2^{\aleph_0\aleph_0} = 2^{\aleph_0} = c$

4. $x_1^2 + x_2^2 + x_3^2 + \cdots$ 이 수렴하는 실수의 무한수열 $(x_1, x_2, x_3, \cdots)$로 이루어진 공간을 힐베르트 공간(Hilbert space)이라 하고, $\mathbb{H}$로 표시한다. $\mathbb{H}$는 $\mathbb{R}$과 같은 크기의 원소를 포함하고 있음을 보여라.

풀이
$$c \le card\ \mathbb{H} \le c^{\aleph_0} = (2^{\aleph_0})^{\aleph_0} = 2^{\aleph_0\aleph_0} = 2^{\aleph_0} = c$$
이므로
$$card\ \mathbb{H} = c = card\ \mathbb{R}$$
이다.

5.
$$\mathbb{R}^{\aleph_0} = \left\{(x_1, x_2, x_3, \cdots) \mid x_i \in \mathbb{R},\ i = 1, 2, 3, \cdots\right\}$$
$$L = \left\{(x_1, x_2, x_3, \cdots) \in \mathbb{R}^{\aleph_0} \mid x_i \in \mathbb{Z},\ i = 1, 2, 3, \cdots\right\}$$
이라고 할 때 $\mathbb{R}^{\aleph_0}$은 L과 같은 크기의 원소를 포함하고 있음을 보여라.

풀이 위 문제 2의 (3)번 성질에 의하여
$$card\ \mathbb{R}^{\aleph_0} = c^{\aleph_0} = c, \quad card\ L = \aleph_0^{\aleph_0} = c$$
이 성립하므로
$$card\ \mathbb{R}^{\aleph_0} = c = card\ L$$
이다.

6. 치역이 $\{0, 1\}$인 1개의 실변수를 가진 함수들의 집합은 임의의 $n \in \mathbb{N}$에 대하여 n개의 실변수를 가진 실수값함수들의 집합과 같은 크기의 원소를 포함하고 있음을 보여라.

풀이 치역이 $\{0, 1\}$인 1개의 실변수를 가진 함수들의 집합 $f : R^n \to \{0, 1\}$의 기수는 2^c이고, n개의 실변수를 가진 실수값함수들의 집합 $f : R^n \to R$의 기수는 c^{c^n}이다. 그런데
$$c^n = c, \quad \aleph_0 c = c$$
이므로

$$c^{c^n} = c^c = (2^{\aleph_0})^c = 2^{\aleph_0 c} = 2^c$$

이다. 그러므로 치역이 $\{0, 1\}$ 인 1개의 실변수를 가진 함수들의 집합은 임의의 $n \in \mathbb{N}$ 에 대하여 n 개의 실변수를 가진 실수값함수들의 집합과 같은 크기의 원소를 포함하고 있다.

7. $card\{f \mid f : \mathbb{R} \to \mathbb{R}\} = \tau$ 라고 할 때 임의의 자연수 $n \in \mathbb{N}$ 에 대하여

$$\tau^n = \tau^{\aleph_0} = \tau^c = \tau$$

이 성립함을 증명하여라.

풀이

$$\tau = c^c = 2^c$$

이므로

$$\tau \le \tau^n \le \tau^{\aleph_0} \le \tau^c = (2^c)^c = 2^{cc} = 2^c = \tau$$

이 성립한다.

연습문제 7.1

1. $A = \{1, 2, 3, 4, 5, 6\}$ 일 때 "x는 y를 나눈다."로 정의한 관계는 A에서의 부분순서이지만 완전순서가 되지는 않음을 증명하여라.

풀이 위 관계가 반사적이고, 반 대칭적이며 추이적인 것은 분명하다. 그러나 2는 4를 나누지 못하고, 3은 5를 나누지 못하는 것과 같이 모든 원소가 서로 비교가능한 것은 아니다. 따라서 위 관계는 A에서의 부분순서이지만 완전순서가 되지는 않는다.

2. (1) $(\mathbb{R}, \le)$에 대하여 집합 $\mathbb{R}^2$에서의 관계 $\preccurlyeq$을 다음과 같이 정의하면 $(\mathbb{R}^2, \preccurlyeq)$은 부분순서집합임을 보여라.

$$(a_1, a_2) \preccurlyeq (b_1, b_2) \Leftrightarrow a_1 \le b_1,\ a_2 \le b_2$$

(2) $\mathbb{R}^2$의 대각선 $\Delta = \{(x, x) \mid x \in \mathbb{R}\}$은 $(\mathbb{R}^2, \preccurlyeq)$의 사슬임을 보여라.

풀이 (1) (i) 임의의 $(a_1, a_2) \in \mathbb{R}^2$에 대하여 $a_1 \le a_1$, $a_2 \le a_2$이므로
$(a_1, a_2) \preccurlyeq (a_1, a_2)$이다.

(ii) $(a_1, a_2) \preccurlyeq (b_1, b_2) \wedge (b_1, b_2) \preccurlyeq (a_1, a_2)$이면 $a_1 \le b_1 \le a_1$,
$a_2 \le b_2 \le a_2$이므로 $a_1 = b_1$, $a_2 = b_2$이 되어 $(a_1, a_2) = (b_1, b_2)$이다.

(iii) $(a_1, a_2) \preccurlyeq (b_1, b_2) \wedge (b_1, b_2) \preccurlyeq (c_1, c_2)$이면 $a_1 \le b_1 \le c_1$,
$a_2 \le b_2 \le c_2$이므로 $(a_1, a_2) \preccurlyeq (c_1, c_2)$이다.

따라서 $(\mathbb{R}^2, \preccurlyeq)$은 부분순서집합이다.

(2) (i) 임의의 $(x, x) \in \mathbb{R}^2$에 대하여 $x \le x$이므로 $(x, x) \preccurlyeq (x, x)$이다.

(ii) $(x, x) \preccurlyeq (y, y) \wedge (y, y) \preccurlyeq (x, x)$이면 $x \le y \le x$이므로 $x = y$이 되어
$(x, x) = (y, y)$이다.

(iii) $(x, x) \preccurlyeq (y, y) \wedge (y, y) \preccurlyeq (z, z)$이면 $x \le y \le z$이므로
$(x, x) \preccurlyeq (z, z)$이다.

(iv) 임의의 $x, y \in \mathbb{R}$에 대하여

$$(x = y) \vee (x \neq y) \equiv (x = y) \vee [(x < y) \vee (x > y)]$$

이므로

$$(x, x) = (y, y) \vee \{[(x, x) < (y, y)] \vee [(x, x) > (y, y)]\}$$

이 성립한다. 따라서 임의의 (x, x)와 (y, y)는 비교가능하다.

그러므로 Δ은 $(\mathbb{R}^2, \preccurlyeq)$의 완전순서부분집합, 즉 사슬이다.

3. $X = \{a, b, c\}$의 멱집합 $\mathscr{P}(X)$에 대하여 다음을 구하여라.

(1) 부분순서집합 $(\mathscr{P}(X), \subset)$의 부분집합 $\{\{a, b\}, \{c, a\}\}$의 상계, 하계, 최소상계, 최대하계

(2) $(\mathscr{P}(X), \subset)$의 극대원소, 극소원소, 최대원소, 최소원소

풀이 $\mathscr{P}(X)$에서의 관계 $\subset$를 아래 그림과 같이 주었다고 하자. 여기서, $A \subset B$는 $A = B$이거나 화살표 방향이 A에서 B로 향하는 것을 의미한다.

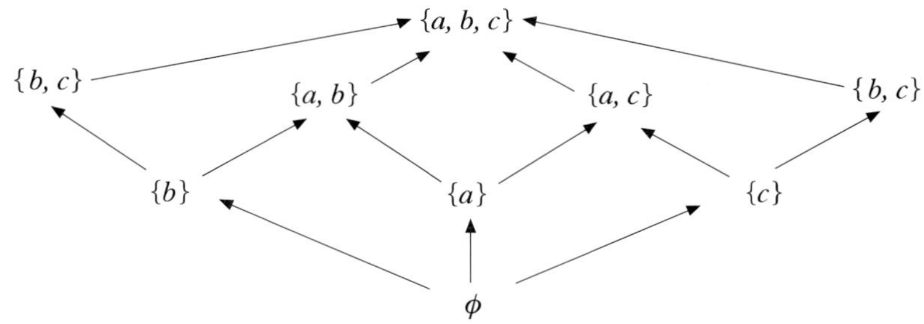

(1) 집합 $\{\{a, b\}, \{c, a\}\}$ 의 최소상계는 $\{a, b, c\}$ 이며 최대하계는 $\{a\}$ 이다. $\varnothing$ 은 집합 $\{\{a, b\}, \{c, a\}\}$ 의 하계임을 유의하여야 한다.

(2) 집합 $\{a, b, c\}$ 는 극대원소이며 최대원소이다. $\varnothing$ 은 극소원소이며 최소원소이다.

4. $A = \{1, 2, 3, 4, 5\}$ 에서의 관계를 아래 그림과 같이 주었다고 하자.

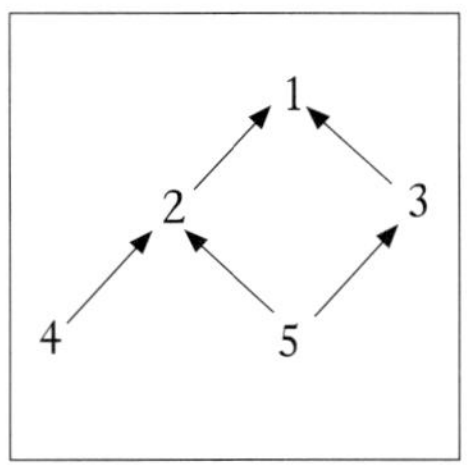

$\mathcal{H}$ 를 2개 이상의 원소를 가지는 A의 사슬들의 모임이라 할 때 집합의 포함관계에 의하여 순서가 주어진 부분순서집합 $\mathcal{H}$ 를 구하고, 이것을 다이어그램으로 나타내어라.

풀이 $\mathcal{H} = \{\{1, 2, 4\}, \{1, 2, 5\}, \{1, 3, 5\}, \{1, 2\}, \{1, 4\}, \{2, 4\}, \{1, 5\}, \{2, 5\}, \{1, 3\}, \{3, 5\}\}$

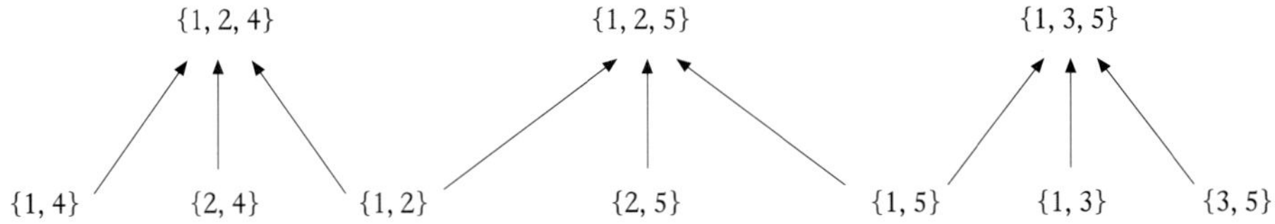

5. $W = \{1, 2, \cdots, 7, 8\}$ 에서의 관계를 아래 그림과 같이 주었다고 하자.

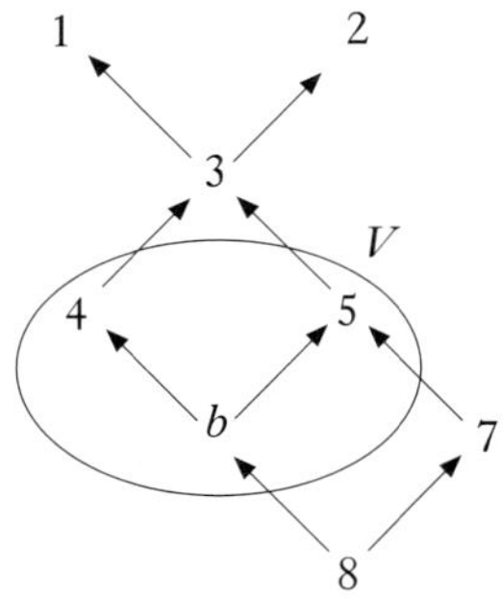

$V = \{4, 5, 6\} \subset W$에 대하여 다음을 구하여라.

(1) V의 상계

(2) V의 하계

(3) sup V가 존재하는가? 만약 존재한다면 V에 속하는가?

(4) inf V가 존재하는가? 만약 존재한다면 V에 속하는가?

풀이 (1) V의 상계 : 1, 2, 3

(2) V의 하계 : 6, 8

(3) $\sup V = 3 \notin V$

(4) $\inf V = 6 \in V$

연습문제 7.2

1. 격자 $(A, \leq)$에 대하여 다음이 성립함을 보여라. $a \leq b$이면 임의의 $x \in A$에 대하여 $a \vee x \leq b \vee x$, $a \wedge x \leq b \wedge x$이다.

풀이 (1) [정리 7.1]과 [정리 7.2], 가정에 의하여

$$a \leq b \leq b \vee x,$$
$$x \leq x \vee b = b \vee x$$

이 성립한다. [정리 7.1]의 (2)번 성질을 적용하면

$$a \vee x \leq b \vee x$$

을 얻는다.

(2) $a \wedge x \leq a \leq b$, $a \wedge x \leq x$이므로 [정리 7.1]에 의하여 $a \wedge x \leq b \wedge x$이다.

2. 자연수의 집합 $\mathbb{N}$ 에서 임의의 $m, n \in \mathbb{N}$ 에 대하여

$$m \lesssim n \Leftrightarrow m\text{은 } n\text{의 약수}$$

로 순서를 정의하면 $(\mathbb{N}, \lesssim)$은 격자가 됨을 증명하여라.

풀이 (1) 임의의 $n \in \mathbb{N}$ 에 대하여 n은 n의 약수이므로 $n \lesssim n$ 이다.

(2) $m \lesssim n$, $n \lesssim m$ 이면 적당한 정수 k, l 이 존재하여 $n = mk$, $m = nl$ 을 만족한다. 따라서 $n = nlk$ 이 되고, lk 도 정수이므로 $lk = l = k = 1$ 이 되어야 한다. 그러므로 $m = n$ 이다.

(3) $m \lesssim n$, $n \lesssim l$ 이면 적당한 정수 k_1, k_2 가 존재하여 $n = mk_1$, $l = nk_2$ 을 만족한다. 따라서 $l = mk_1k_2$ 이고 k_1k_2 는 정수이므로 $m \lesssim l$ 이다.

(4) 임의의 두 자연수 $a, b \in \mathbb{N}$ 에 대하여

(i) $(a \lesssim b) \vee (b \lesssim a)$

(ii) $\sim(a \lesssim b) \wedge \sim(b \lesssim a)$

이 성립한다.

(i)인 경우에는 $[a \vee b = b,\ a \wedge b = a] \vee [a \vee b = a,\ a \wedge b = b]$

(ii)인 경우에는 a와 b가 서로 소이므로

$a \vee b$는 a와 b의 최소공배수,

$a \wedge b$는 a와 b의 최대공약수

가 되고, $a \vee b$와 $a \wedge b$는 모두 자연수이다.

그러므로 $(\mathbb{N}, \lesssim)$은 격자이다.

연습문제 7.3

1. A의 절편들의 교집합은 모두 A의 절편이 됨을 보여라.

풀이 A의 절편들의 모임을 $\mathfrak{I}$라 하고, $y \in \bigcap_{S \in \mathfrak{I}} S$라고 하자. 모든 $S \in \mathfrak{I}$에 대하여 $y \in S$ 이므로 $x \leq y$인 임의의 $x \in A$에 대하여 $x \in S$ 이다. 따라서 $x \in \bigcap_{S \in \mathfrak{I}} S$ 이다. 그러므로 $\bigcap_{S \in \mathfrak{I}} S$는 A의 절편이다.

2. 완전순서집합 $(A, \leq)$에 대하여 A의 원소로 이루어진 수열 $a_1, a_2, a_3, \cdots$ 이

$a_1 > a_2 > a_3 > \cdots$ 이면이 수열은 순감소한다고 한다.

완전순서집합 $(A, \leq)$가 정렬집합이기 위한 필요충분조건은 순감소하는 무한수열을 가지지 않는 것임을 증명하여라.

풀이 $(\Rightarrow)$ $(A, \leq)$을 정렬집합이라고 하고 이 집합이 순감소하는 무한수열 $a_1 > a_2 > a_3 > \cdots$ 을 갖는다면 $\{a_1, a_2, a_3, \cdots\}$은 A의 부분집합으로 최소원소를 갖지 않는다. 이것은 $(A, \leq)$가 정렬집합이라는 사실에 모순이 된다. 따라서 $(A, \leq)$는 순감소하는 무한수열을 가지지 않는다.

$(\Leftarrow)$ 조건을 만족하는 데에도 불구하고 정렬집합이 되지 않는 완전순서집합 $(A, \leq)$가 존재한다고 하면 A의 부분집합으로서 최소원소를 가지지 않는 집합 $B \neq \varnothing$가 존재한다. 지금 임의의 $a_1 \in B$을 택할 때 a_1은 B의 최소원소가 아니다. 그러므로 $a_1 > a_2$인 $a_2 \in B$을 택할 수 있다. 마찬가지로 $a_2 > a_3$인 $a_3 \in B$을 택할 수 있다. 이러한 과정을 계속하면 순감소하는 무한수열 $a_1 > a_2 > a_3 > \cdots$ 을 얻을 수 있다. 이것은 가정에 모순이 된다. 따라서 조건을 만족하는 완전순서집합 $(A, \leq)$는 모두 정렬집합이다.

3. 자연수의 집합 $(\mathbb{N}, \leq)$의 모든 절편을 구하여라.

풀이 $$\varnothing,\ \mathbb{N},\ A_{k+1} = \mathbb{N}_k = \{1, 2, \cdots, k\}\ (k = 1, 2, 3 \cdots)$$

4. $(A, \leq)$가 정렬집합일 때 임의의 $x \in A$에 대하여 $A_x \cup \{x\}$는 A의 절편임을 증명하여라.

풀이 $S = A_x \cup \{x\}$라고 하면 $S \subset A$이 되고, 임의의 $y \in A_x \subset S$와 $a \leq y$인 $a \in A$에 대하여 $y < x$이므로 추이적인 성질에 의하여 $a < x$이 되어 $a \in A_x \subset S$이다. 또한 $x \in S$와 $a \leq x$인 $a \in A$에 대하여 A_x의 정의에 의하여 $a < x$이면 $a \in A_x$이고, $a = x$이면 $a \in S$인 것은 분명하다. 그러므로 S는 A의 절편이다.

연습문제 7.4

1. 모든 자연수 n에 대하여 다음 등식이 성립함을 수학적 귀납법으로 증명하여라.

$$1^2+2^2+\cdots+n^2=\frac{1}{6}n(n+1)(2n+1)$$

풀이 모든 자연수 n에 관한 위의 등식을 나타내는 명제술어를 $p(n)$이라고 하자.

(i) $n=1$일 때 $1=\frac{1\cdot2\cdot3}{6}$이므로 $p(1)$은 참이다.

(ii) $n=k$일 때 $p(k)$가 참이라고 가정하면 즉,

$$1^2+2^2+\cdots+k^2=\frac{1}{6}k(k+1)(2k+1)$$

이라고 가정하면

$$\begin{aligned}1^2+2^2+\cdots+k^2+(k+1)^2 &= \frac{1}{6}k(k+1)(2k+1)+(k+1)^2\\ &= \frac{1}{6}(k+1)(2k^2+7k+6)\\ &= \frac{1}{6}(k+1)(k+2)(2k+3)\end{aligned}$$

이 되어 $p(k+1)$도 참이 된다. 그러므로 모든 자연수 n에 대하여 $p(n)$은 참이다.

2. 모든 자연수 n과 두 변수 x, y에 대하여 다음 이항정리(binomial theorem)가 성립함을 수학적 귀납법으로 증명하여라.

$$(x+y)^n=C(n,\,0)x^n+C(n,\,1)x^{n-1}y+\cdots+C(n,\,r)x^{n-r}y^r+\cdots+C(n,\,n)y^n$$

풀이 $n=1$일 때 위 등식은 분명히 성립한다.

$n=k$일 때

$$(x+y)^k=C(k,\,0)x^k+C(k,\,1)x^{k-1}y+\cdots+C(k,\,r)x^{k-r}y^r+\cdots+C(k,\,k)y^k$$

이 성립한다고 가정하고, 이 등식의 양변에 각각 $x+y$를 곱하면

$$\begin{aligned}(x+y)^{k+1} &= (x+y)\{x^k+C(k,\,1)x^{k-1}y+\cdots+C(k,\,r)x^{k-r}y^r+\cdots+y^k\}\\ &= x^{k+1}+\{C(k,\,0)+C(k,\,1)\}x^ky+\cdots\\ &\quad+\{C(k,\,r-1)+C(k,\,r)\}x^{(k+1)-r}y^r+\cdots+y^{k+1}\end{aligned}$$

$$= C(k+1,\ 0)x^{k+1} + C(k+1,\ 1)x^k y + \cdots$$
$$+ C(k+1,\ r)x^{(k+1)-r}y^r + \cdots + C(k+1,\ k+1)y^{k+1}$$

이 되어 $n=k+1$일 때도 주어진 등식이 성립한다. 따라서 수학적귀납법에 의하여 모든 자연수 n에 대하여 이항정리는 성립한다.

연습문제 8.1

1. $\mathfrak{I}$를 집합 $X \neq \varnothing$의 분할이라 하자. 임의의 $C \in \mathfrak{I}$에 대하여 $C \cap R$이 한원소 집합이 되는 X의 부분집합 R이 존재함을 증명하여라. 이와 같은 R을 $\mathfrak{I}$에 대한 대표원소(representative)들의 집합이라 한다.

풀이 $\bigcup_{A \in \mathfrak{I}} A = X$이므로 선택공리에 의하여 임의의 $C \in \mathfrak{I}$에 대하여 $f(C) \in C$를 만족하는 선택함수 $f : \mathfrak{I} \to X$가 존재한다. $R = \{f(C) \mid C \in \mathfrak{I}\}$ 이라고 하면 f가 선택함수이므로 $C \cap R$은 한원소집합이 된다.

2. $f : A \to B$가 전사함수이면 $card\, B \leq card\, A$임을 증명하여라.

풀이 $B = \varnothing$ 이면 $A = \varnothing$ 이므로 분명하다.

$B \neq \varnothing$ 이면 $\mathfrak{I} = \{f^{-1}(b) \mid b \in B\}$는 A의 분할이므로 〈연습문제 8.1〉의 1번 성질에 의하여 $\mathfrak{I}$에 대한 대표원소들의 집합 R이 존재한다. 그러므로

$$f|_R : R \to B$$

은 전단사함수가 되어 B는 A의 부분집합 R과 대등하다. 따라서

$$card\, B = card\, R \leq card\, A$$

이다.

3. 공집합이 아닌 집합들로 이루어진 모임 $\Phi = \{A_\alpha \mid \alpha \in \Lambda\}$ $(\Phi \neq \varnothing)$에 대하여 Φ의 데카르트 곱은 공집합이 아님을 증명하여라. 즉, $\prod_{\alpha \in \Lambda} A_\alpha \neq \varnothing$이다.

풀이 공집합이 아닌 집합들로 이루어진 모임 $\Phi = \{A_\alpha \mid \alpha \in \Lambda\}$ $(\Phi \neq \varnothing)$에 대하여 선택함수 $f : \Phi \to \bigcup_{A_\alpha \in \Phi} A_\alpha$가 존재한다. 따라서 임의의 $\alpha \in \Lambda$에 대하여

$$g(\alpha) = f(A_\alpha) \in A_\alpha$$

로 정의된 함수 $g : \Lambda \to \bigcup_{\alpha \in \Lambda} A_\alpha$ 가 존재한다. 그러므로 $\Lambda \neq \varnothing$ 이면 $\prod_{\alpha \in \Lambda} A_\alpha \neq \varnothing$ 이다.

연습문제 8.2

1. [정리 8.2]에서의 부분순서집합 $(\Phi, \subset)$에 대하여 Φ_0을 Φ의 사슬이라고 할 때

$$T_0 = \cap \{T \in \Phi \mid {}^\forall T' \in \Phi_0,\ T' \subset T\}$$

은 Φ_0의 최소상계임을 증명하여라.

풀이 (1) 임의의 $T' \in \Phi_0$에 대하여 T_0의 정의에 의하여 $T' \subset T_0$이므로 T_0은 Φ_0의 상계이다.

(2) 임의의 $T' \in \Phi_0$에 대하여 $T' \subset T$이면 T_0의 정의에 의하여 $T_0 \subset T$이므로 T_0은 Φ_0의 최소상계이다.

2. $B \subset A$가 부분순서집합 $(A, \le)$의 사슬이면 $B \subset C$인 극대 사슬 C가 존재함을 증명하여라.

풀이 하우스도르프의 극대원리에 의하여 A의 모든 사슬의 집합을 Φ라고 할 때 $(\Phi, \subset)$는 극대원소를 가진다. $B \in \Phi$이므로 $B \subset C$인 극대원소 C가 존재한다. C가 구하고자 하는 극대 사슬이다.

연습문제 8.3

1. 부분순서집합 $(A, \le)$에 대하여 A의 임의의 사슬이 하계를 가지면 A는 극

소원소를 가짐을 증명하여라.

풀이 하우스도르프의 원리에 의하여 부분순서집합 $(A, \leq)$는 집합의 포함관계 $\supset$에 의하여 극소 사슬 B를 가진다. 가정에 의하여 B는 하계 $u \in A$를 가진다. 이 u가 A의 극소원소임을 보인다. 만약 $x \leq u$인 $x \in A$가 존재하면 $B \cup \{x\}$는 하나의 사슬이고, $B \cup \{x\} \supset B$이다. 그런데 B는 극소 사슬이므로 $B \cup \{x\} = B$이 되어 $x \in B$이다. 따라서 $x \geq u$이다. 그러므로 $x = u$가 되어 u는 A의 극소원소이다.

2. 임의의 집합 X에 대하여 $\mathfrak{J} \subset \mathscr{P}(X)$가 유한지표(finite character)를 갖는다고 말하는 것은 $A \in \mathfrak{J}$이기 위한 필요충분조건이 A의 모든 유한부분집합이 $\mathfrak{J}$에 속하는 경우를 의미한다. 임의의 집합 X에 대하여 $\mathfrak{J} \subset \mathscr{P}(X)$가 유한지표를 가지면 $(\mathfrak{J}, \subset)$에는 극대원소가 존재함을 증명하여라.

풀이 부분순서집합 $(\mathfrak{J}, \subset)$에 대하여 Φ를 $(\mathfrak{J}, \subset)$의 사슬이라 하고 $K = \bigcup_{N \in \Phi} N$이라고 하자. $K \in \mathfrak{J}$임을 증명하여 Φ의 상계 K가 존재함을 보인다. $\{x_1, x_2, \cdots, x_n\}$을 K의 유한부분집합이라고 하자. 그러면 각 $i = 1, 2, \cdots, n$에 대하여 $x_i \in N_i$를 만족하는 적당한 $N_i \in \Phi$가 존재한다. Φ는 사슬이므로 모든 $i = 1, 2, \cdots, n$에 대하여 $N_i \subset N$인 적당한 $N \in \Phi$이 존재한다. 따라서

$$\{x_1, x_2, \cdots, x_n\} \subset N \in \Phi \subset \mathfrak{J}$$

이 되어 $K \in \mathfrak{J}$이다. 그러므로 조른의 보조정리에 의하여 $(\mathfrak{J}, \subset)$에는 극대원소가 존재한다.

연습문제 8.4

1. 유리수의 집합은 정렬가능함을 [정리 8.5]에 의하지 않고 직접 증명하여라.

풀이 유리수의 집합 $\mathbb{Q}$는 번호 붙일 수 있는 집합이므로 일대일 대응

$$f : \mathbb{Q} \sim \mathbb{N}$$

가 존재한다. 임의의 $p, q \in \mathbb{Q}$에 대하여 $\mathbb{Q}$ 위의 순서관계 $\lesssim$을

$$p \lesssim q \Leftrightarrow f(p) \leq f(q)$$

으로 정의하면 $(\mathbb{N}, \leq)$이 정렬집합이므로 $(\mathbb{Q}, \precsim)$도 정렬집합이 된다.

2. 임의의 집합 X에 대하여 $A \subset X$가 정규집합(normal set)이라고 하는 것을 A에서의 적당한 정렬순서 $<$가 있어서 각 $a \in A$와 정렬집합 $(A, <)$의 절편 $S_A(a) = \{x \in A \mid x < a\}$에 대하여

$$f(X - S_A(a)) = a$$

을 만족하는 것으로 정의한다. 집합 X에는 정규인 부분집합이 존재하는 것을 보여라.

풀이 임의의 집합 X와 멱집합 $\mathscr{P}(X)$에 대하여 $\mathscr{P}(X)$에서 정의된 선택함수를 f라고 하자. 그러면 선택함수 $f : \mathscr{P}(X) \to X$는 각 $A \subset X$에 대하여 $f(A) \in A$을 만족한다. 이 경우

$$f(X) = x_0,\ f(X - \{x_0\}) = x_1,\ f(X - \{x_0, x_1\}) = x_2$$

인 $\{x_0, x_1, x_2\} \subset X$는 원소가 나열된 순서로 순서관계를 주면 분명히 정규집합이 된다.

연습문제 9.1

1. 유한 정렬집합 $(A, \leq)$, $(B, \precsim)$에 대하여 A와 B가 대등하면 $(A, \leq)$와 $(B, \precsim)$는 순서동형임을 증명하여라.

풀이 유한 정렬집합 A와 B가 대등하므로 A와 B의 원소의 개수는 같다. A의 첫 번째, 두 번째, $\cdots$, n번째 원소에 B의 첫 번째, 두 번째, $\cdots$, n번째 원소를 대응시키는 함수는 분명히 순서동형사상이다.

2. 정렬집합 $(\mathbb{N}, \leq) = \{1, 2, 3, \cdots\}$과 $(\mathbb{N}, \precsim) = \{1, 3, 5, \cdots, 2, 4, 6, \cdots\}$은 순서동형이 아님을 증명하여라.

풀이 위 두 정렬집합이 순서동형이라고 하면 $(\mathbb{N}, \leq)$과 $(\mathbb{N}, \precsim)$ 사이에 순서가 보존되어야 하므로 1은 1에, 2는 3에, 3은 5에, $\cdots$ 대응하는 함수 f가 존

재하여야 한다. 그런데 이 함수 $f:(\mathbb{N}, \leq) \rightarrow (\mathbb{N}, \lesssim)$는 전사함수가 될 수가 없다. 2, 4, 6, ⋯ 에 대응되는 정의역 $(\mathbb{N}, \leq)$의 원소는 존재하지 않기 때문이다. 이것은 두 정렬집합이 순서동형이라는 사실에 모순이다.

연습문제 9.2

1. $\text{ord}\{1, 2, 3, \cdots\} < \text{ord}\{1, 3, 5, \cdots, 2, 4, 6, \cdots\}$ 임을 증명하여라.

풀이 정렬집합 $\{1, 2, 3, \cdots\}$은 정렬집합 $\{1, 3, 5, \cdots, 2, 4, 6, \cdots\}$의 진 절편 $A_2 = \{1, 3, 5, \cdots\}$와 순서동형이므로

$\text{ord}\{1, 2, 3, \cdots\} < \text{ord}\{1, 3, 5, \cdots, 2, 4, 6, \cdots\}$ 이다.

2. 임의의 자연수 k에 대하여 다음을 증명하여라.

(1) $\text{ord}\{k, k+1, k+2, \cdots\} = \omega$

(2) $\text{ord}\{k, k+1, k+2, \cdots, 0, 1, 2, \cdots, k-1\} > \omega$

풀이 (1) $f(n) = k + (n-1)$으로 정의하면 $f:(\mathbb{N}, \leq) \approx \{k, k+1, k+2, \cdots\}$ 이다.

(2) $(\mathbb{N}, \leq) \approx A_0 = \{k, k+1, k+2, \cdots\}$ 이므로

$$\omega < \text{ord}\{k, k+1, k+2, \cdots, 0, 1, 2, \cdots, k-1\}$$

이다.

3. 가장 작은 초한순서수는 ω임을 보여라.

풀이 초한순서수 ω는 모든 유한순서수 0, 1, 2, ⋯ 의 뒤에 나타나는 첫 극한원소이다. ω의 바로 뒤의 원소(successor)는 $\omega + 1$ 이다.

4. 정렬집합 $(A, \leq)$에 대하여 A의 서로 다른 앞 절편들은 순서동형일 수가 없음을 밝혀라.

풀이 임의의 서로 다른 앞 절편 $A_a \neq A_b$에 대하여 $a \neq b$이므로, $a < b$ 또는 $b < a$이 성립한다. 따라서 $a < b$라고 가정해도 일반성을 잃지 않는다. A_a는 정렬집

합 A_b의 앞 절편이므로 [정리 9.3]의 증명과정에 나오는 성질인 정렬집합은 자신의 앞 절편과 순서동형일 수 없다는 사실에 따라 A_b는 A_a와 순서동형일 수 없다.

5. 두 정렬집합 A, B에 대하여 A의 앞 절편 A_a가 B의 앞 절편과 순서동형이라고 하면 A_a와 순서동형인 B_b는 유일하게 존재함을 증명하여라.

풀이 임의의 A_a, $a \in A$에 대하여 적당한 $b, b' \in B$가 존재하여 $A_a \approx B_b$, $A_a \approx B_{b'}$라고 하자. $B_b \approx B_{b'}$이 성립하므로 위 문제 4번 성질에 의하여 $b = b'$이다. 따라서 A_a와 순서동형인 B_b는 유일하게 존재한다.

6. A의 앞 절편 A_a가 B의 앞 절편 B_b와 순서동형이 되는 두 정렬집합 A, B에 대하여 A_a의 앞 절편은 B_b의 적당한 앞 절편과 순서동형이 되는 것, 즉 임의의 $a' \leq a$에 대하여 적당한 $b' \lesssim b$가 존재하여 $A_{a'} \approx B_{b'}$이 성립함을 밝혀라.

풀이 $f : A_a \approx B_b$이고 $a' \leq a$이며 $f(a') = b'$이라고 하자. 그러면 $b' \lesssim b$이고 f는 일대일 대응이고 순서를 보존하므로

$$f(A_{a'}) = B_{f(a')} = B_{b'},\ A_{a'} \approx f(A_{a'})$$

이 성립한다. 따라서 $f|_{A_{a'}} : A_{a'} \approx B_{b'}$이다.

7. $(A, \leq) \approx (A', \leq')$, $(B, \lesssim) \approx (B', \lesssim')$이고 $(A, \leq)$가 $(B, \lesssim)$의 절편과 순서동형이면 $(A', \leq')$도 $(B', \lesssim')$의 절편과 순서동형임을 보여라.

풀이 $h : (A, \leq) \approx (A', \leq')$, $k : (B, \lesssim) \approx (B', \lesssim')$이고 $(A, \leq)$와 $(B, \lesssim)$의 절편 S_b와의 순서동형사상을 f라고 하자. 그러면 $(A', \leq')$는 $(B', \lesssim')$의 절편 $T_{k(b)}$와 순서동형임을 보인다. h^{-1}도 순서동형이므로 임의의 $a_1' \leq' a_2'$인 $a_1', a_2' \in A'$에 대하여 $k \circ f \circ h^{-1}(a_1') \lesssim' k \circ f \circ h^{-1}(a_2')$이 성립한다. 또한 $x \lesssim b$이면 $k(x) \lesssim k(b)$이므로 $k \circ f \circ h^{-1}(A') = k(S_b) = T_{k(b)}$이 성립하고, $k \circ f \circ h^{-1}$이 단사함수인 것은 분명하다. 그러므로 $(A', \leq')$는 $(B', \lesssim')$의 절편 $T_{k(b)}$와 순서동형이다.

연습문제 9.3

1. 임의의 순서수 α에 대하여 $\alpha+0=0+\alpha=\alpha$임을 보여라.

풀이 $\mathrm{ord}(A, \leq)=\alpha$ 라고 하면 $\mathrm{ord}(\varnothing, \precsim)=0$이므로

$$\alpha+0=\mathrm{ord}(A\cup\varnothing, \leq^{*})=\mathrm{ord}(A, \leq)=\alpha,$$
$$0+\alpha=\mathrm{ord}(\varnothing\cup A, \leq')=\mathrm{ord}(A, \leq)=\alpha$$

이다.

2. 임의의 순서수 α에 대하여 $\alpha<\alpha+1$임을 증명하여라.

풀이
$$\mathrm{ord}(A, \leq)=\alpha,\ \mathrm{ord}(\{b\}, \leq')=1,\ A\cap\{b\}=\varnothing$$
인 A, $\{b\}$에 대하여 $\alpha+1=\mathrm{ord}(A\cup\{b\}, \leq^{*})$이고 A는 $A\cup\{b\}$의 진 절편 S_b와 순서동형이므로 $\alpha<\alpha+1$이다.

3. 순서수 α, β에 대하여 $\alpha\leqslant\beta$이면 $\alpha+\gamma=\beta$인 순서수 γ가 일의적으로 존재함을 증명하여라.

풀이 $\mathrm{ord}(A, \leq)=\alpha$, $\mathrm{ord}(B, \precsim)=\beta$이라 하자. $\alpha=\beta$이면 $\gamma=0$이다. $\alpha<\beta$이면 A는 B의 진 절편 B_q와 순서동형이다. $C=B-B_q$에 대하여 $\mathrm{ord}(C, \precsim)=\gamma$라고 하자. 만약 $(C, \precsim)\approx(D, \leq^{*})$이고 $A\cap D=\varnothing$인 D를 택하면 $\mathrm{ord}(D, \leq^{*})=\gamma$이고 $\alpha+\gamma=\mathrm{ord}(A\cup D, \precsim^{*})=\mathrm{ord}(B, \precsim)=\beta$이다. 그런데 $\alpha+\gamma=\beta=\alpha+\gamma^{*}$인 순서수 γ와 γ^{*}가 존재한다면 좌 소거법칙에 의하여 $\gamma=\gamma^{*}$이다. 따라서 $\alpha\leqslant\beta$이면 $\alpha+\gamma=\beta$인 순서수 γ가 일의적으로 존재한다.

4. 순서수 중에는 다른 어느 순서수보다도 큰 순서수, 즉 최대순서수가 존재하는가?

풀이 존재하지 않는다. 왜냐하면 만약 최대순서수 α가 존재한다면 위 문제 2의 성질에 의하여 $\alpha<\alpha+1$인 $\alpha+1$이 존재한다. 이것은 α가 최대순서수라는 사실에 모순이다. 그러므로 최대순서수는 존재하지 않는다.

연습문제 9.4

1. 다음이 성립함을 보여라.
   (1) 임의의 순서수 α에 대하여 $0\alpha = 0 = \alpha 0$이고, $1\alpha = \alpha = \alpha 1$이다.
   (2) $\alpha = 0$ 또는 $\beta = 0$인 경우, 또 그 경우에 한하여 $\alpha\beta = 0$이다.

풀이 (1) $\text{ord}(A, \leq) = \alpha$라고 하면 $\text{ord}(\varnothing, \lesssim) = 0$이므로

$$\alpha 0 = \text{ord}(\varnothing \times A, \leq^*) = \text{ord}(\varnothing, \leq^*) = 0,$$
$$0\alpha = \text{ord}(A \times \varnothing, \leq^*) = \text{ord}(\varnothing, \leq^*) = 0$$

이다.

(2) $\text{ord}(A, \leq) = \alpha$라고 하면 $\text{ord}(\{0\}, \lesssim) = 1$이고 $\{0\} \times A \approx A$, $A \times \{0\} \approx A$이므로

$$\alpha 1 = \text{ord}(\{0\} \times A, \leq^*) = \alpha,$$
$$1\alpha = \text{ord}(A \times \{0\}, \leq^*) = \alpha$$

이다.

2. 임의의 $\gamma > 0$에 대하여 $\alpha < \beta \Rightarrow \alpha\gamma < \beta\gamma$이 성립한다는 것은 참인 명제가 아님을 보여라.

풀이 $\alpha = 1, \beta = 2, \gamma = \omega$에 대하여 $\alpha < \beta, \gamma > 0$이다. 그러나 $\alpha\gamma = 1\omega = \omega = 2\omega = \beta\gamma$이 된다.

연습문제 9.5

1. [정리 9.14]의 증명에서 임의의 $\beta \in S_\alpha$에 대하여 $\text{ord}(A, \lesssim) = \alpha$, $\text{ord}(B, \lesssim) = \beta$이고 $B \approx A_p$이면 $f(\beta) = p$로 정의된 함수

$$f : S_\alpha \to A$$

는 잘 정의된 순서동형사상임을 증명하여라.

풀이 (1) $\beta < \alpha$인 임의의 순서수 β와 $\text{ord}\,(B, \lesssim) = \beta$인 정렬집합 $(B, \lesssim)$에 대

하여 $\beta < \alpha$ 이므로 $B \approx A_p$ 인 적당한 원소 $p \in A$ 가 존재한다. 만약 $B \approx A_q$ 인 원소 $q \in A$ 가 존재한다면 $A_p \approx B \approx A_q$ 이 되어 [정리 9.3]으로부터 $p = q$ 이 된다. 따라서 원소 $p \in A$ 는 β 에 의하여 일의적으로 정해지므로 f 는 잘 정의된 함수이다.

(2) $\beta \neq \gamma$ 이고 $\beta < \gamma$ 라고 가정하자. $f(\beta) = p$, $f(\gamma) = q$ 인 p, q 에 대하여

$$\mathrm{ord}\, A_p = \beta,\ \mathrm{ord}\, A_q = \gamma,\ \beta < \gamma$$

이므로 A_p 는 A_q 의 부분집합과 동형이지만 A_q 는 A_p 의 부분집합 어느 것과도 동형이 아니다. 따라서 $p < q$ 이다. 그러므로 f 는 단사이면서 순서가 보존된다. 또한 임의의 $p \in A$에 대하여 $\mathrm{ord}\,(A_p, \leq) = \beta$ 이면 $\beta < \alpha$ 이므로 $\beta \in S_\alpha$ 이고, $f(\beta) = p$ 이다. 따라서 f 는 전사이다. 그러므로 f 는 순서동형사상이다.

2. 임의의 집합에 대하여 그 집합의 시수가 일의적으로 존재함을 증명하여라.

[풀이] 임의의 집합 X 는 정렬원리에 의하여 정렬집합 $(X, \leq)$ 를 얻는다. 여기서 $\leq$ 는 X 위의 정렬순서이다. $(X, \leq)$ 와 대등한 순서수의 집합 Φ 는 [정리 9.15]에 의하여 정렬집합이다. 그러므로 Φ 는 최소원소, 즉 X 의 시수를 가진다.

3. 집합 X, Y 에 대하여 X 와 Y 가 같은 시수를 갖는 경우, 또 그 경우에 한하여 $X \sim Y$ 이 성립함을 증명하여라.

[풀이] 집합의 기수를 그 집합의 시수로서 정의하였을 때 X 와 Y 가 같은 시수를 갖는다는 것은 그 집합의 기수가 같은 것이므로 $X \sim Y$ 이다. 역으로 $X \sim Y$ 이라고 하자. 대등한 집합의 시수는 일의적으로 존재하기 때문에 X 와 Y 의 시수는 같다.

찾아보기

기초집합론

2008년 3월 3일 초 판 발행
2012년 1월 5일 개정판 발행

저 자 / 송형수
발행자 / 오판근
발행처 / 교우사

주 소 / 서울 동대문구 제기2동 148-19
전 화 / 925-2861(代), 편집부 / 925-2825
팩 스 / 925-2860

E-mail / kyowoo@kyowoo.co.kr
http://www.kyowoo.co.kr

등록 / 1994. 3. 24 제6-0256호

ISBN 978-89-8172-726-0 (93410)

값 15,000 원